Math Coloring Book for Kids

By La Fresa

Welcome to math coloring book for kids.
!40 animals to color!
This book was specially designed for kids (Grades 3, 4) to help them solve mathematical problems fast and easy.
Every page contains hidden picture. Solve a mathematical problem into each square and then color it using the color key.
Enjoy the result!

FUNNY COLORING!

Pear

13-4	7+2	4+5	11-2	2+7	1+8	3+6	1+8	10-1	5+4	6+3	7+2	12-3	12-5	3+4	10-3	4+3	10-3	11-4	13-4
8+1	12-3	6+3	8+1	3+6	6+3	1+8	2+7	3+6	4+5	12-3	5+2	2+5	13-6	8-2	6-0	4+2	7-1	11-5	13-6
3+6	11-2	5+4	7+2	10-1	11-2	4+5	7+2	8+1	13-6	3+4	11-4	7-1	5+1	11-6	11-8	5-2	12-6	10-4	3+4
1+8	2+7	6+3	13-4	4+3	5+2	1+6	7+0	11-4	2+5	1+5	9-3	4+1	6-3	7-4	6-3	1+2	7-4	3+3	5+2
11-2	10-1	5+4	7+0	11-4	4+2	2+4	8-2	12-7	1+4	9-6	1+2	5-2	11-8	9-6	7-4	5-2	6-3	5+1	4+3
8+1	6+3	3+4	2+4	5+1	11-6	4+1	2+1	9-6	7-4	11-8	10-7	3-0	8-5	9-6	7-4	1+2	11-5	8-2	10-3
12-3	10-3	13-6	7-1	2+3	1+2	10-7	8-5	4-1	1+2	9-6	6-3	5-2	6-3	10-7	6-3	8-2	12-6	13-6	7+1
10-3	12-5	9-3	4+1	8-3	5-2	1+2	2+1	3-0	11-8	10-7	3-0	4-1	11-8	12-9	6-0	7-1	4+2	12-5	6+2
5+2	3+3	11-5	12-7	9-6	10-7	8-5	9-6	5-2	10-7	8-5	7-4	5-2	10-7	2+1	2+4	5+1	3+4	2+5	6+2
7+0	10-4	1+4	4-1	2+1	11-8	7-4	2+1	4-1	7-4	11-8	10-7	7-4	10-7	12-7	12-6	11-5	12-5	13-5	5+3
1+6	2+3	3+2	8-5	6-3	5-2	3-0	1+2	1+1	6-3	9-6	8-5	11-8	6-3	4+2	1+5	5+2	11-4	10-2	14-6
5+2	9-4	10-5	11-8	2+1	8-5	6-3	2+1	5-2	10-7	11-8	8-5	5-2	11-6	7-1	8-2	2+5	9-1	1+7	2+6
2+5	5+1	3+2	4-1	9-6	10-7	4-1	2+1	1+2	5-2	9-6	10-7	10-5	5+1	2+4	3+3	4+3	12-4	11-3	6+2
3+4	9-3	7-2	12-7	6-3	11-8	2+1	9-6	3-0	10-7	8-5	4+1	8-2	11-5	10-4	4+2	11-4	4+4	6+2	10-1
13-6	10-3	2+4	8-3	1+4	5-2	10-7	6-3	7-4	5-2	7-2	8-3	1+5	2+4	5+1	3+4	1+8	6+2	7+1	4+5
12-3	3+4	10-4	6-0	3+3	2+3	9-4	2+1	3+2	6-1	4+2	1+5	7-1	4+2	12-5	10-1	4+5	5+4	5+3	5+4
7+2	12-5	10-3	2+4	1+5	6-0	3+3	10-4	11-5	12-6	9-3	8-2	7-1	12-5	3+4	12-3	6+3	7+2	8+1	6+3
6+3	5+4	11-4	2+5	4+2	5+1	11-5	9-3	11-5	12-6	7-1	9-3	2+5	3+4	3+6	11-2	8+1	12-3	13-4	13-4
4+5	11-2	10-1	13-6	12-5	1+5	8-2	2+4	9-3	4+2	9-2	11-4	10-1	4+5	5+4	6+3	8+1	8+1	11-2	7+2
13-4	6+3	7+2	12-3	10-3	14-7	4+3	5+2	1+6	7+0	8-1	2+7	3+6	2+7	11-2	1+8	7+2	6+3	7+2	13-4

Keys pear

2 – white	7 – brown
3 – yellow	8 – dark green
5 – orange	9 – green
6 – red	

Cake

1+8	13-4	12-3	8+1	7+2	6+3	5+4	4+5	11-2	6-2	4+0	10-1	3+6	2+7	1+8	13-4	12-3	8+1	7+2	6+3
11-2	5+4	3+6	2+7	6+3	13-4	13-4	2+7	8-4	1+0	6-5	5-1	12-3	13-4	13-4	12-3	8+1	7+2	6+3	5+4
4+5	10-1	4+5	1+8	5+4	12-3	1+8	2+2	4-3	12-11	8-7	8-4	7-3	4+5	11-2	10-1	3+6	2+7	1+8	13-4
5+4	3+6	10-1	11-2	4+5	13-4	8+1	7+2	12-8	10-6	5-1	13-4	1+3	12-3	13-4	12-3	7+2	12-3	8+1	2+7
5+4	4+5	11-2	10-1	10-1	3+6	2+7	1+8	10-1	3+6	2+7	1+8	2+2	1+4	7-2	13-4	8+1	1+8	13-4	1+8
6+3	2+7	11-2	12-3	11-2	3+6	6+3	6-1	3+2	1+4	2+3	9-4	1+4	9-6	7-4	11-6	10-5	2+7	7+2	6+3
7+2	1+8	8+1	13-4	10-1	5+4	11-6	7-2	10-8	10-7	5-2	10-5	0+2	3-1	9-6	7-4	8-3	11-2	10-1	3+6
8+1	7+2	4+5	12-3	3+6	4+5	12-7	1+1	4-2	1+2	2+1	11-6	1+2	6-4	6-3	4-1	6-1	6-0	4+5	5+4
6+3	13-4	5+4	8+1	2+7	11-2	4+1	1+2	3-0	9-6	5-2	12-7	7-2	5-2	1+2	1+4	3+2	11-6	7-1	6+3
12-3	12-3	6+3	7+2	1+8	5+1	8-3	11-6	2+1	5-2	4+1	6-1	8-3	2+3	9-4	6-1	7-2	12-7	4+1	8-2
13-4	8+1	7+2	2+4	4+2	11-6	12-7	4+1	7-2	1+4	7-2	3+2	9-4	10-5	2+3	1+4	8-3	4+1	11-6	12-6
13-4	6-0	1+5	8-3	7-2	6-1	3+2	1+4	12-7	4+1	8-3	1+4	2+3	10-5	9-4	3+2	1+5	2+4	9-3	4+2
7-1	2+3	9-4	10-5	4+1	11-6	5+1	4+2	2+4	1+5	7-1	9-3	8-2	12-6	11-5	6-0	2+5	11-4	9-2	11-5
8-2	9-3	12-6	11-5	10-4	3+3	9-2	8-1	7+0	1+6	5+2	14-7	13-6	12-5	3+4	4+3	10-3	7+1	6+2	10-4
10-4	13-6	12-5	3+4	2+5	11-4	12-4	11-3	6+2	2+6	1+7	9-1	10-2	14-6	13-5	5+3	6+2	8-1	7+0	3+3
7+2	3+3	6+2	7+1	5+3	13-5	6+2	4+4	5+2	4+3	3+4	12-5	10-3	14-7	4+3	5+2	1+6	14-6	10-2	8-2
6+3	5+1	11-4	9-2	8-1	1+6	13-6	7+0	2+5	6+2	6+2	13-5	6+2	2+6	5+3	11-3	9-1	7+1	10-4	6+3
2+7	4+2	14-6	10-2	9-1	1+7	2+6	6+2	11-3	12-4	4+4	12-4	4+4	1+7	2+6	12-6	8-2	6-0	3+3	5+4
4+5	10-1	2+4	2+6	6+2	11-3	12-4	4+4	3+3	10-4	11-5	3+3	11-5	12-6	7-1	9-3	12-3	8+1	7+2	4+5
5+4	11-2	3+6	1+5	6-0	7-1	8-2	9-3	1+8	13-4	12-3	13-4	13-4	12-3	11-2	10-1	3+6	13-4	1+8	2+7

Keys cake

1 – light green	6 – brown
2 – white	7 – yellow
3 – light red	8 – orange
4 – green	9 – light beige
5 – red	10 – red

French fries

7-3	10-6	5-1	2+2	11-7	7-3	5-1	2+2	3+1	7-3	10-6	12-8	6-2	4+0	5-1	1+3	9-5	2+2	3+1	8-4
10-6	12-8	5-1	3+1	9-5	10-3	5-1	1+3	11-7	3+4	2+2	8-4	7+0	1+6	5-1	2+2	3+1	9-5	11-7	2+2
12-8	6-2	1+3	9-5	14-7	7+1	9-2	8-4	2+5	6+2	13-6	9-2	12-4	8-1	8-4	11-7	5+2	8-1	11-4	1+3
6-2	4+0	8-4	2+2	4+3	6+2	10-2	11-4	12-5	5+3	13-6	2+6	4+4	6+2	10-3	1+6	4+4	11-3	2+5	8-4
4+0	8-4	7+0	1+6	5+2	8-1	2+6	7+1	2+5	6+2	14-6	9-2	9-1	13-5	11-4	14-6	10-2	3+4	7-3	8-4
5-1	14-7	9-1	4+4	10-2	1+7	7+0	9-1	12-5	13-5	11-3	11-4	14-6	5+3	12-5	6+2	12-4	12-5	2+2	12-8
5-1	7-3	1+6	5+2	4+3	12-4	9-2	1+7	13-6	6+2	7+0	7+1	5+3	3+4	1+7	6+2	4+3	10-6	6-2	4+0
4+0	1+3	11-6	9-4	1+4	10-3	2+6	8-1	11-3	13-5	3+4	5+3	6+2	2+5	6+2	14-7	1+4	3+2	5-1	5-1
6-2	2+2	12-7	5+1	6-1	8-3	12-7	10-5	2+3	10-5	9-4	11-6	4+1	3+2	7-2	2+3	1+5	7-2	8-4	1+3
12-8	1+3	4+1	2+4	2+1	12-9	6-1	3+2	3-0	1+2	5-2	8-5	4-1	10-7	6-3	6-0	2+4	6-1	10-6	9-5
8-4	5-1	8-3	4+2	11-8	7-4	9-6	7-4	9-6	5-2	6-3	2+1	1+2	5-2	2+1	6-3	7-1	12-7	11-7	3+1
4+0	6-2	7-2	1+5	2+1	12-9	11-8	10-7	1+2	6-3	5-2	3-0	7-4	4-1	8-5	1+2	10-4	4+1	2+2	10-6
10-6	12-8	6-1	6-0	9-6	8-5	9-6	2+1	5+3	8-1	13-5	13-6	6-3	5-2	12-9	11-8	12-6	12-7	8-4	7-3
7-3	8-4	3+2	8-2	7-4	1+2	4-1	3-0	12-5	14-6	1+7	1+6	9-6	7-4	11-8	1+5	8-2	11-6	7-3	10-6
5-1	7-3	1+4	7-1	2+1	10-7	8-5	7-4	6-3	7+0	5+3	9-6	5-2	3-0	6-3	11-5	9-3	4+1	2+2	12-8
12-8	10-6	2+3	12-6	11-5	4-1	7-4	5-2	9-6	6-3	6-3	2+1	1+2	5-2	2+1	5+1	2+4	8-3	6-2	4+0
4+0	6-2	9-4	9-3	10-4	7-4	12-9	5-2	5-2	7-4	6-3	10-7	9-6	1+2	4+2	3+3	11-6	7-2	5-1	8-4
5-1	12-8	10-6	10-5	3+3	11-5	12-6	12-9	10-4	3+3	9-6	7-4	9-3	6-0	7-1	8-2	6-1	8-4	1+3	2+2
5-1	8-4	1+3	9-4	2+3	3+2	7-2	8-3	4+1	6-1	1+4	10-5	3+2	8-3	9-4	2+3	1+4	11-7	9-5	3+1
8-4	5-1	6-2	4+0	5-1	8-4	8-4	2+2	10-6	1+3	11-7	9-5	3+1	2+2	7-3	7-3	10-6	5-1	7-3	2+2

Keys French fries

3 – light red 6 – red

4 – beige 7 – orange

5 – dark red 8 – yellow

Cheese

2+5	12-5	3+4	13-6	12-5	4+3	5+2	14-7	13-6	5+1	1+5	2+4	7-1	5+2	8-1	9-2	7+0	5+2	13-6	3+4
10-3	11-4	14-7	9-2	8-1	1+6	10-3	8-2	10-4	8-4	4+2	6-0	8-3	12-6	10-4	3+3	1+6	12-5	1+6	2+5
13-6	4+3	8-1	11-4	13-6	7+0	6-0	2+2	2+2	8-2	11-6	12-7	7-2	11-5	4+0	6-2	5+1	3+3	12-6	11-4
12-5	1+6	2+5	14-7	13-6	10-3	2+4	5-1	4+0	9-3	6-1	4+1	3+2	12-6	12-8	10-6	7-3	10-4	11-5	9-3
7+0	3+4	5+2	9-2	4+3	12-6	10-6	8-4	1+3	6-2	11-5	8-2	9-3	8-4	2+4	1+5	10-4	6-3	5-2	8-2
8-1	9-2	11-4	1+6	5+1	7-3	7-1	9-3	3+3	5-1	12-8	6-0	7-1	3+3	8-5	4-1	7-4	9-6	7-4	7-1
2+5	3+4	7+0	3+3	8-4	10-4	1+4	11-6	12-7	5+1	4+2	2+1	6-3	2+1	5-2	12-9	11-8	3-0	6-3	6-0
4+3	5+2	7-1	1+3	5-1	9-3	4+1	2+3	8-3	11-5	2+1	6-3	11-8	1+2	8-5	10-7	7-4	4-1	9-6	1+5
14-7	4+2	2+2	8-2	1+5	6-0	10-5	1+4	9-4	1+5	7-4	4-1	12-9	9-6	2+1	6-3	9-6	7-4	1+2	2+4
10-3	11-5	2+4	1+2	3-0	11-8	12-6	11-5	4+2	11-8	2+1	5-2	6-0	2+4	4+2	7-4	8-5	10-7	3-0	4+2
9-3	5+1	12-9	9-6	7-4	2+1	6-3	5-2	4-1	2+1	12-9	8-2	6-1	3+2	5+1	1+2	9-6	1+5	7-1	9-3
7-1	7-4	5-2	2+1	6-3	9-3	5-2	6-3	3-0	11-8	5-2	6-3	7-1	1+5	9-6	7-4	12-6	6-0	6-4	8-2
8-2	12-6	9-6	9-6	12-6	4+1	11-5	8-5	1+2	12-9	5-2	2+1	5-2	11-8	3-0	1+2	11-5	1+4	2+3	3-1
3-1	11-6	10-4	8-5	10-7	10-4	1+2	7-4	2+1	9-6	6-3	10-7	1+2	6-3	2+1	5-2	12-9	5+1	4+2	2+4
13-6	10-8	2+4	1+2	1+2	5-2	6-3	9-6	2+1	5-2	6-3	9-6	10-7	6-3	9-6	7-4	5-2	2+1	1+2	10-4
6-4	12-7	1+5	10-7	8-5	4-1	7-4	10-4	5+1	2+4	4+2	6-3	3-0	4-1	8-5	10-7	7-1	6-0	1+5	10-3
12-6	5+1	11-8	3-0	1+2	2+1	8-2	12-6	8-3	7-2	6-0	1+2	10-4	11-5	12-6	9-3	8-2	14-7	9-2	8-1
4+2	4-1	2+1	6-3	5-2	12-9	2+4	1+1	10-8	4-2	0+2	5+1	3+3	3+4	12-5	13-6	3+4	2+5	4+3	11-4
6-0	3+3	7-4	9-6	7-4	3+3	5+1	4-2	10-3	5+2	7+0	2+5	13-6	1+6	14-7	5+2	11-4	8-1	1+6	5+2
12-5	11-5	9-3	7-1	1+5	4+2	14-7	4+3	1+6	9-2	8-1	11-4	7+0	4+3	2+5	3+4	10-3	9-2	7+0	12-5

Keys cheese

2 - yellow   6 - orange
3 – light yellow   7 – light beige
5 – beige

Tree

2+2	1+3	8-4	4+0	6-2	12-8	5-1	2+2	10-3	4+4	11-3	1+7	1+8	7-3	10-6	6-2	4+0	8-4	7-3	6-2
2+2	6-2	12-8	7-3	14-7	14-6	1+6	8-1	7+0	5+2	4+3	6+2	9-1	10-2	2+6	12-8	5-1	4+0	6-2	5-1
1+3	10-6	11-4	3+4	13-6	10-3	4+3	1+6	7+0	5+2	14-7	12-5	2+5	12-4	9-2	7+1	2+7	1+3	12-8	8-4
8-4	7-3	8-1	14-7	11-4	2+6	1+7	7+2	10-3	7+0	8-1	9-2	11-4	1+6	13-6	6+2	3+6	10-6	6-2	1+3
5-1	10-6	9-2	7+0	2+5	13-5	6+2	12-3	13-4	2+5	4+4	13-5	12-5	3+4	6+2	5+3	12-4	2+2	12-8	10-6
4+0	4+3	11-4	13-5	6+2	12-3	5+2	10-3	4+3	14-7	2+6	4+5	5+4	10-3	14-6	7+1	10-1	8-4	7-3	1+3
6-2	5+2	2+5	7+1	14-6	13-4	8+1	2+5	11-4	7+0	9-1	10-2	6+3	3+4	12-5	13-6	6+2	12-8	4+0	5-1
12-8	1+6	3+4	8-1	10-2	5+3	11-4	8-1	3+4	9-2	2+5	10-2	9-2	13-6	5+2	13-5	14-6	11-2	2+1	1+2
10-6	2+2	12-5	9-2	3+4	13-6	1+6	7+0	9-4	10-4	1+6	8-1	3+2	10-5	14-7	14-7	10-3	9-1	1+2	10-7
7-3	1+2	4-1	8-5	12-5	4+3	3+3	5+3	6-1	7-2	6+2	1+4	12-6	4+3	5+2	11-3	6+2	1+7	7-4	8-5
1+2	10-7	3-0	11-8	12-9	2+3	4+1	11-5	11-6	12-7	8-3	9-3	7+2	8+1	6-3	5-2	12-9	11-8	9-6	3-0
6-3	2+1	5-2	6-3	5-2	9-6	6-3	10-5	2+3	3+2	8-2	5-2	1+2	2+1	9-6	7-4	4-1	8-5	6-3	4-1
7-4	3-0	11-8	5-2	7-4	4-1	7-4	9-6	7-2	4+1	7-1	1+2	12-9	5-2	7-4	8-5	1+2	10-7	5-2	7-4
4-1	9-6	8-5	12-9	1+2	3-0	10-7	7-4	12-7	11-6	6-0	5-2	11-8	3-0	6-3	4-1	3-0	9-6	2+1	5-2
8-5	12-9	5-2	2+1	5-2	11-8	6-3	9-6	6-1	8-3	1+5	9-6	6-3	10-7	1+2	11-8	12-9	11-8	9-6	6-3
10-7	2+1	9-6	7-4	8-5	6-3	7-4	2+1	1+4	9-4	2+4	7-4	2+1	10-7	12-9	6-3	7-4	9-6	7-4	5-2
1+2	6-3	4-1	10-7	3-0	11-8	9-6	6-3	12-7	11-6	4+2	10-7	3-0	7-4	1+2	3-0	5-2	2+1	4-1	6-3
6-3	9-6	7-4	9-6	7-4	4-1	8-5	5-2	8-3	4+1	5+1	2+1	1+2	6-3	5-2	12-9	11-8	3-0	8-5	9-6
12-9	5-2	6-3	2+1	7-4	11-8	2+3	10-5	1+4	7-2	9-4	1+4	3+3	9-6	4-1	8-5	7-4	9-6	10-7	7-4
5-2	9-6	7-4	10-5	3+2	7-2	4+1	12-7	2+3	6-1	3+2	11-6	8-3	6-1	9-4	10-4	6-3	5-2	1+2	9-6

Keys tree

3 – gray green
4 – blue
5 – brown
6 – light brown
7 – light green
8 – dark green
9 – green

Bear

8-1	9-2	11-4	2+5	3+4	12-5	13-6	5+2	8-1	2+5	13-6	4+3	7+0	9-2	11-4	2+5	3+4	12-5	10-3	1+6
5+2	1+6	7+0	2+1	6-3	5-2	10-3	4+3	7+0	11-4	12-5	14-7	1+6	8-1	5-2	2+1	1+2	13-6	12-5	3+4
14-7	4+3	12-9	1+1	4-2	11-8	3-0	14-7	1+6	9-2	3+4	10-3	5+2	7-4	9-6	6-4	3-1	6-3	2+5	11-4
10-3	10-7	8-5	11-6	12-7	1+2	4-1	9-6	2+1	6-3	5-2	12-9	11-8	10-7	1+1	1+4	2+3	10-8	9-6	9-2
13-6	7-4	8-3	7-4	9-6	4+1	0+2	3-0	1+2	10-7	8-5	4-1	7-4	1+2	3+2	8-5	7-4	9-4	4-1	14-7
12-5	6-3	7-2	5-2	2+1	1+2	7-4	9-6	6-3	5-2	2+1	6-3	10-7	12-9	5-2	12-9	11-8	10-5	3-0	4+3
3+4	11-8	3-0	6-1	1+2	10-7	8-5	4-1	7-4	9-6	7-4	9-6	6-3	5-2	2+1	7-2	12-7	6-3	9-6	5+2
2+5	11-4	7-4	5-2	9-6	6-3	7-4	9-6	4-1	5-2	8-5	10-7	1+2	3-0	6-3	11-8	12-9	5-2	8-1	7+0
9-2	8-1	7+0	2+1	6-3	5-2	6-5	8-3	12-9	11-8	2+1	1+0	4+1	8-5	1+2	3-0	13-6	12-5	3+4	2+5
7-3	5+2	1+6	7-4	9-6	7-4	9-6	4-1	7-2	6-1	3+2	11-8	12-9	10-7	5-2	6-3	9-2	8-1	7+0	11-4
10-6	4+3	14-7	10-7	8-5	4-1	7-4	2+3	8-7	4-3	8-7	1+4	3-1	6-3	2+1	5-2	11-4	2+5	3+4	12-5
5+1	12-8	10-3	3-0	12-9	5-2	9-4	10-5	1+0	12-11	6-5	11-6	12-7	4-2	1+2	3-0	7+0	8-1	9-2	8-4
4+2	6-2	4+0	2+1	2+1	6-3	6-1	3+2	1+4	2+3	7-2	8-3	4+1	10-8	8-5	10-7	5+2	1+6	1+3	2+2
2+4	1+5	5-1	6-3	5-2	7-4	11-8	8-3	4+1	11-6	10-5	9-4	0+2	7-4	4-1	14-7	4+3	5-1	8-4	11-5
6-0	7-1	8-4	1+3	9-6	6-3	1+2	9-6	12-7	11-6	10-5	4-2	5-2	7-4	9-6	10-3	6-2	4+0	3+3	10-4
8-2	9-3	6+2	2+2	5-1	5-2	12-9	11-8	9-6	2+1	7-4	4-1	10-7	6-3	5-1	8-4	7-3	10-6	12-8	5-1
2+2	12-6	7-3	8-4	3-0	6-1	3+2	1+4	5-2	6-3	9-6	2+3	3-0	9-6	5-2	1+3	2+2	6+2	7+1	6+2
5+3	10-6	12-8	10-7	8-5	4-1	1+2	1+1	3+2	4-3	12-7	8-5	11-8	5-2	6-3	6-4	5+3	13-5	14-6	10-2
13-5	14-6	6-2	7-4	6-3	9-6	10-8	3-1	4+1	12-11	8-3	7-4	1+2	12-9	10-8	4-2	9-1	1+7	2+6	6+2
10-2	9-1	1+7	4+0	7-4	4-2	6-4	4-2	7-2	6-1	11-6	9-4	9-6	3-1	0+2	11-3	12-4	4+4	7+1	6+2

Keys bear

1 – black   5 – white
2 – dark brown   6 – beige
3 – brown   7 – blue
4 – green   8 – dark green

Watermelon

7-6	2-1	0+1	10-9	13-12	3+1	0+4	9-5	11-7	8-4	13-9	1+3	3+2	10-5	12-7	12-11	7-6	9-8	14-13	8-7
9-8	8-7	6-5	12-8	5-1	6-2	7-3	14-10	2+2	15-11	12-7	10-6	3+1	10-5	12-7	9-4	1+0	13-12	6-5	9-8
4-3	5-4	8-4	11-7	9-5	0+4	10-6	10-5	14-10	7-3	4+0	14-9	1+3	13-9	14-9	13-8	4+0	1-0	15-14	7-6
3-2	5-1	12-8	13-9	10-5	3+1	15-11	9-4	0+4	5-1	6-2	13-8	6-1	0+4	11-7	0+5	1+4	9-5	10-9	12-11
5-4	6-2	14-10	12-7	11-8	2+2	8-3	7-2	8-4	13-9	12-8	15-10	11-6	8-4	12-8	5-1	2+3	5+0	11-10	4-3
15-11	7-3	9-4	0+3	2+1	1+3	4+1	5+0	9-5	4+0	11-7	1+4	0+5	2+3	6-2	7-3	14-10	4+1	11-6	3-2
2+2	14-9	1+2	11-5	13-7	4+0	3+2	10-5	3+1	1+3	10-6	0+5	2+3	7-2	15-11	2+2	10-6	15-10	8-3	5-4
10-6	13-8	8-5	10-4	15-9	15-12	12-7	9-4	14-9	2+2	15-11	14-10	3+2	10-5	12-7	3+1	1+3	0+4	10-5	7-2
6-1	7-2	14-8	7-1	8-2	9-3	3+0	13-8	6-1	7-2	5-1	6-2	7-3	9-4	14-9	4+0	9-5	11-7	8-4	12-7
12-7	8-3	12-6	5+1	1+5	6+0	2+4	8-3	15-10	11-6	4+0	13-9	12-8	13-8	6-1	13-9	12-8	5-1	6-2	9-4
11-6	10-7	4+2	3+3	11-5	13-7	10-4	7-4	4+1	5+0	11-7	8-4	4+1	8-3	7-2	7-3	14-10	15-11	2+2	0+5
4+1	15-9	14-8	12-5	0+6	7-1	8-2	9-3	11-8	1+4	1+3	0+4	15-10	11-6	10-6	3+1	1+3	0+4	9-5	3+2
5+0	5+1	6+0	1+5	12-6	4+2	3+3	2+4	0+6	4-1	3+1	10-5	2+3	5+0	4+0	11-7	8-4	13-9	13-8	14-9
2+3	12-9	11-5	13-7	0+6	14-7	11-5	3+3	5+1	9-3	6-3	12-7	1+4	12-8	14-10	7-3	6-2	5-1	2+3	6-1
0+5	1+4	10-4	15-9	10-4	15-9	13-7	11-4	1+5	15-8	8-2	7-1	3+0	7-4	0+5	15-11	2+2	1+4	5+0	0+2
11-9	3+2	5-2	14-8	7-1	8-2	9-3	14-8	6+0	2+4	12-6	2+1	10-7	11-8	3+2	10-6	15-11	11-6	10-6	3-1
1+1	10-5	12-7	13-10	12-6	1+5	6+0	5+1	4+2	8-5	15-12	2+3	0+5	7-3	14-10	2+2	15-10	4+1	7-5	1+1
8-6	7-5	9-4	14-9	14-11	9-6	2+4	12-9	0+3	1+4	5+0	13-9	12-8	5-1	6-2	7-2	8-3	10-8	11-9	6-4
9-7	6-4	11-9	13-8	6-1	7-2	1+2	4+1	5-2	1+3	4+0	9-5	11-7	8-4	13-8	6-1	15-13	4-2	14-12	9-7
10-8	0+2	2+0	3-1	4-2	8-3	15-10	11-6	4+1	0+4	9-5	3+1	3+2	9-4	14-9	5-3	12-10	8-6	13-11	2+0

Keys watermelon

1 – pink
2 – light green
3 – dark red
4 – dark green
5 – green
6 – red
7 – white

Panda

10-5	12-7	11-5	9-4	14-9	13-8	12-5	14-7	11-4	5+0	2+3	11-5	10-4	10-5	12-7	1+6	7+0	3+2	1+5	0+5
6-1	13-7	10-4	3+2	15-8	8-1	9-2	10-3	13-6	6+1	2+5	3+4	5+2	12-5	14-7	3+4	11-4	4+3	9-4	6+0
7-2	7-1	15-9	1+4	4+3	3+4	12-5	13-5	15-7	12-4	9-1	10-2	11-3	15-8	8-1	9-2	10-3	13-6	14-9	2+4
9-3	15-10	14-8	8-2	4+1	14-7	11-4	14-6	7+1	1+7	8+0	4+4	6+2	5+3	3+5	6+1	7+0	2+5	13-8	3+3
8-3	12-6	15-10	5+1	11-6	15-8	1+7	8-1	9-2	10-3	2+6	13-6	6+1	2+5	13-5	12-4	0+7	7-2	6-1	5+1
6+0	11-6	7-2	2+4	8-3	7+0	8+0	1+6	15-5	0+7	0+8	3+4	6+4	14-7	5+2	10-2	3+4	11-6	12-6	4+1
4+2	4+1	13-8	0+6	6-1	3+4	4+4	11-4	4+3	6+2	5+3	2+6	12-5	14-7	11-3	14-6	5+2	5+0	9-3	0+5
1+5	5+0	12-7	3+3	9-4	14-9	8-1	13-5	12-4	11-3	15-8	0+8	2+7	3+5	9-1	7+1	1+6	2+3	8-2	3+2
1+4	11-5	10-5	9-3	12-7	10-3	13-6	9-2	14-6	7+2	6+3	3+6	9-1	10-2	15-7	0+7	8-3	15-10	14-8	7-1
0+5	13-7	11-4	15-8	8-1	14-7	0+8	6+2	6+1	15-7	7+1	1+7	8+0	0+7	4+3	12-5	14-7	11-4	15-9	14-9
2+3	7+0	6+1	13-6	10-3	9-2	5+3	4+4	2+6	1+6	7+0	2+5	3+4	5+2	3+5	15-8	8-1	9-2	10-3	1+4
12-5	15-8	3+4	2+5	0+7	1+6	13-5	7+1	1+7	6+2	12-4	9-1	13-5	10-2	15-7	13-6	6+1	1+6	7+0	10-4
14-7	8-1	5+2	9-2	10-3	15-7	12-4	8+0	2+6	11-3	14-6	9-1	14-6	11-3	10-2	2+5	3+4	5+2	4+3	15-8
13-6	6+1	11-4	7+0	2+5	9-1	10-2	4+4	5+3	7+1	8+0	7+1	4+4	8+0	1+7	15-7	0+7	8-1	9-2	10-3
10-5	9-4	14-9	3+4	5+2	11-3	14-6	3+5	13-5	6+2	12-5	6+2	5+3	3+5	2+6	13-6	6+1	1+6	7+0	0+7
13-8	6-1	1+6	14-5	11-4	8-1	9-2	0+8	4+4	5+3	2+6	0+8	11-3	14-6	12-5	3+4	2+5	12-5	14-7	11-4
7-2	0+7	13-4	11-2	12-3	10-1	1+6	2+5	0+8	3+5	12-4	1+7	0+7	8-1	14-7	10-1	12-3	4+3	4+2	11-6
8-3	14-7	15-6	9+0	4+5	5+4	8+1	3+4	5+2	15-8	9-2	1+6	0+7	10-3	2+7	13-4	9+0	8+1	5+2	4+1
15-10	10-4	15-8	1+8	7+2	6+3	14-5	6+1	8-2	9-3	12-6	2+5	3+4	0+9	3+6	11-2	1+8	15-6	11-4	0+6
15-9	14-8	7-1	12-5	10-3	13-6	7+0	5+1	6+0	2+4	3+3	1+5	5+2	12-5	14-7	7+0	6+1	13-6	11-5	13-7

Keys panda

5 – gray blue
6 – light green
7 – black
8 – gray beige
9 – pink
10 – light beige

Birdhouse

3+1	7-2	1+3	2+1	1+2	0+3	10-7	13-12	7-6	12-9	11-8	0+4	9-5	3+1	10-5	9-4	14-9	6-1	8-3	4+1
9-5	0+4	11-7	15-12	8-5	7-4	12-11	1+1	14-12	0+1	4-1	11-7	8-4	13-9	13-8	7-2	15-10	5-1	12-7	11-6
15-10	8-4	8-3	13-9	3+0	11-10	9-7	15-13	7-5	6-4	9-8	5-2	4+0	10-6	2+2	1+4	2+3	5+0	6-2	10-5
4+1	11-6	12-8	5-1	15-14	2+0	10-8	14-13	6-5	11-9	0+2	10-9	6-3	13-10	1+3	15-11	14-10	13-8	9-4	12-7
2+3	5+0	4+0	4-3	12-10	4-2	5-4	8-7	10-9	9-8	3-1	5-3	5-4	14-11	9-6	7-3	0+5	14-9	6-1	3+2
0+5	3+2	3-2	8-6	8-6	3-2	4-3	1-0	2-1	15-14	12-11	13-11	6-4	8-7	2+1	0+3	4+0	9-5	8-4	12-8
1+4	2-1	10-8	11-9	3-2	0+1	7-6	11-10	13-12	6-5	14-13	1+0	1+1	14-12	1+0	15-12	8-5	11-7	13-9	0+4
1-0	3-1	0+2	11-10	9-8	14-13	13-12	14-13	0+1	5-4	10-9	0+1	8-7	15-13	7-5	6-5	1+2	10-7	1+5	3+0
3+3	2+0	13-12	2-1	10-9	1-0	11-5	2+4	13-7	6+0	9-8	2-1	3-2	1-0	9-7	12-9	11-8	4-1	3+3	7-4
13-7	15-9	12-11	15-14	5-4	10-4	5+1	11-5	15-9	7-1	14-7	15-8	15-14	4-3	5-2	6-3	13-10	14-11	9-6	2+4
7-1	11-8	7-6	4-3	8-7	14-8	8-2	12-6	9-3	8-1	7-4	10-3	9-2	1+0	2+1	15-12	0+3	8-5	1+2	4+2
8-2	5-2	4-1	1+0	6-5	9-3	14-8	5+1	11-4	6+1	2+5	7+0	13-6	10-7	7-4	11-8	5-2	4-1	12-9	6+0
12-6	13-10	9-6	11-10	7-6	12-11	1+5	10-4	4+2	0+6	3+4	4+3	5+2	1+6	9-6	2+1	3+0	14-11	2+2	1+3
6-2	7-3	14-11	1-0	15-14	6-5	9-8	13-12	10-9	1+0	3+4	11-4	12-5	12-5	4+3	13-10	1+2	15-11	10-6	3+1
12-7	14-10	15-11	6-3	4-3	3-2	4-3	15-14	2-1	11-10	8-1	10-3	14-7	13-6	9-2	15-8	6-3	7-3	14-10	14-9
13-8	6-1	10-6	1+3	5-4	3-2	8-7	5-4	14-13	2-1	6-5	6+1	1+6	7+0	2+5	4+3	5+2	3+4	0+7	7-2
4+1	15-10	2+2	8-4	14-13	10-9	0+1	12-11	7-6	9-8	8-7	13-12	15-7	13-5	3+0	14-7	8-1	3+4	8-3	1+4
5+0	10-5	9-4	0+4	1+1	7-5	14-12	9-7	15-13	6-4	12-4	9-1	10-2	8-5	15-12	13-9	11-4	12-5	15-8	0+5
2+3	9-5	11-7	14-5	8+1	13-4	1+8	10-1	9+0	11-2	0+9	12-3	4+5	10-7	12-9	12-8	5-1	9-2	10-3	4+3
3+1	4+0	15-6	7+2	2+7	10-1	12-3	14-5	15-6	11-2	13-4	3+6	6+3	5+4	0+3	7-4	6-2	11-6	0+7	3+2

Keys birdhouse

1 – red brown	6 – gray brown
2 – gray blue	7 – blue
3 – light blue	8 – purple
4 – light green	9 – gray pink
5 – green	

Mushroom

15-5	12-2	9+1	14-4	6+4	13-3	11-1	2+1	1+1	14-12	7-5	15-13	1+2	15-12	8-5	0+3	11-1	1+9	6+4	13-3
2+8	10+0	2+8	5+5	13-11	12-10	5-3	11-9	6-4	9-7	13-12	7-6	12-11	10-8	10-7	12-9	7-4	12-2	0+10	2+8
8+2	0+10	7+3	7-5	1+1	14-12	8-6	3-2	4-3	0+2	11-10	15-14	3-1	2+0	4-2	11-8	5-2	9+1	8+2	7+3
3+7	1+9	9-7	6-4	15-13	10-9	2-1	2+0	4-2	3-1	5-3	7-5	1+1	9-7	14-12	3+0	13-10	4-1	4+6	5+5
4+6	3-1	0+4	12-5	11-9	8-7	5-4	12-10	13-11	8-6	11-9	15-13	6-4	9-8	1+0	10-8	6-3	14-11	14-4	2+8
11-5	10-5	12-7	9-5	1+3	10-8	0+2	3-1	4-2	0+2	1-0	8-6	15-13	6-4	7-5	1+1	2+0	9-6	4-1	3+7
13-7	9-4	6-1	14-9	11-7	8-4	14-7	12-10	5-3	14-13	6-5	3-1	4-2	9-7	10-8	14-12	11-9	11-8	5-2	10+0
6+4	7-2	13-8	15-10	4+1	5-0	4+0	11-4	13-11	2+0	5-3	0+2	13-11	12-10	0+1	8-7	5-4	8-6	0-3	15-5
8+2	3+7	8-3	1+4	11-6	12-7	3+2	0+5	15-8	8-1	6-3	13-10	10-8	6-4	10-9	9-8	11-9	2+0	7-4	14-4
2+8	5+5	1+9	10+0	2-3	9-4	10-4	7-1	15-9	8-2	10-5	5-1	14-11	7-5	15-13	1+1	14-12	9-7	12-9	8-5
4+6	7+3	13-3	6+4	9+1	14-8	12-6	13-9	12-8	14-10	14-9	6-1	6-2	12-10	3-1	5-3	4-2	13-11	15-12	10-7
14-4	1+9	4+6	13-3	6-4	5+1	9-3	2+4	6+0	15-11	2+2	9-2	13-8	7-3	5+2	4+3	8-6	2+1	1-2	3+0
15-5	11-1	12-2	14-4	11-5	14-8	10-4	3+3	15-10	7-2	10-6	13-6	8-3	0+6	1+3	9-5	8-1	3+4	4+3	3+1
4+6	2+8	9+1	9+1	7-1	4+2	1+5	4-1	5+0	2+3	10-3	3+2	1+4	0+5	13-7	15-9	8-4	0-4	11-7	15-5
1+9	6+4	11-1	15-9	13-7	15-6	1+8	5+4	11-6	4+0	7+0	12-2	11-1	14-4	6-4	15-5	0-10	13-3	14-4	11-1
12-2	14-4	15-5	9-3	12-6	9+0	13-5	4+5	8+1	13-9	6+1	10+0	12-2	5+5	1+9	13-3	8+2	9-1	5+5	9+1
2+8	5+5	5+1	6+0	1+5	1-8	11-2	12-4	10-1	12-8	2+5	3+4	4+6	10+0	8+2	10+0	3+7	6+4	7+3	2+8
8+2	10+0	10-4	3+3	2+4	8-2	12-3	10-2	15-6	13-4	14-5	1+6	0+10	7+3	2+8	5+5	8+2	4+6	3+7	12-2
7+3	4-2	11-5	9+0	14-5	11-2	9-1	5+4	2+7	7+1	14-6	4+5	6+3	3+6	4+6	1+9	7+3	1+9	11-1	9+1
3+7	0+6	4+5	10-1	12-3	13-4	3-6	8+1	8+0	4-4	0+8	11-3	15-7	7+2	0+9	6+4	3+7	2+8	14-4	13-3

Keys mushroom

1 – white	6 – light beige
2 – red	7 – brown
3 – dark red	8 – green blue
4 – light brown	9 – green
5 – beige	10 – turquoise

Rocking-horse

6-5	1+0	5-4	9-8	3-2	4-3	15-14	12-11	1-0	4-3	6-5	5-4	10-9	1-0	13-12	1-0	13-12	6-5	14-13	8-7
2-1	8-7	13-12	0+1	10-9	14-13	11-10	7-6	2-1	15-14	11-10	8-7	14-13	9-8	0+1	5-2	10-5	9-4	5-4	10-9
14-13	6-5	8-7	7-6	10-9	5-4	0+1	9-8	3-2	4-3	15-14	11-10	3-2	2-1	6-2	13-10	6-3	12-7	14-9	12-11
8-7	1-0	5-4	10-9	0+1	9-8	13-12	12-11	13-12	6-5	14-13	7-6	12-11	14-10	7-3	15-11	14-11	9-6	11-10	7-6
1+0	2-1	3-2	4-3	15-14	1-0	11-10	1-0	12-11	13-12	7-6	14-13	6-5	10-6	2+2	14-10	2+1	0+3	1+2	15-14
11-10	12-11	15-14	0+4	3+1	8-7	10-9	5-4	9-8	0+1	3-2	1-0	12-8	5-1	0-4	4+4	12-5	15-12	7-4	12-9
8-7	14-13	8-4	1+3	9-5	11-7	2+1	1+0	7-6	2-1	4-3	1+3	9-5	8-4	11-7	10-7	8-5	3+2	13-8	2+3
5-4	10-9	12-8	13-9	0+3	8-5	15-12	1+2	10-5	12-7	9-4	11-8	4-1	4+0	13-9	11-8	5-0	4-1	14-7	3+0
2-1	3-2	4+0	6-2	10-7	7-4	3+0	12-9	4-1	6-3	5-2	14-9	2+1	14-11	13-10	1+4	0-5	5-2	6-3	5-3
9-8	0+1	5-1	13-12	5-2	6-3	9-6	3+0	12-9	7-4	13-10	13-8	7-2	1+2	9-6	15-10	12-10	8-6	1+1	13-11
4-3	14-10	7-3	6-5	3+0	4-1	13-10	4-1	5-2	11-8	9-6	14-11	6-1	8-3	11-6	4-1	0+2	12-10	5-3	10-8
14-12	7-5	15-13	1-1	5-3	11-8	14-11	15-11	8-5	10-7	15-12	10-6	15-12	3+0	9-7	3-1	4-2	2-0	13-11	8-6
9-7	0+2	11-9	10-8	6-4	12-9	0+3	2+2	1+2	0-3	2+1	3+1	10-7	12-9	8-5	15-13	7-5	6-4	14-12	11-9
11-5	13-7	3-1	2+0	15-12	1+2	10-7	12-10	13-11	14-12	7-5	15-13	0+3	11-8	7-4	6-1	14-12	11-5	10-4	1+1
10-4	7+0	15-9	4-2	2+1	8-5	7-4	8-6	1+1	9-7	11-9	6-4	8-3	15-10	4-1	7-2	15-9	11-4	13-7	15-13
14-12	14-8	3+4	7-1	0+5	2+3	8-3	10-8	0-2	3-1	4-2	2+0	1+4	5+0	11-6	8-2	15-8	14-8	7-1	6-4
7-5	1+1	8-2	4+3	2+5	12-6	3+2	0+6	3+3	15-9	7-1	11-5	3+3	1+5	12-6	8-1	9-3	7-5	9-7	11-9
6-4	9-7	15-13	9-3	5+1	1+6	6+1	1+5	0+6	8-2	9-3	13-7	10-3	13-6	9-2	5+1	0+2	5-3	4-2	2+0
0+2	3-1	10-8	4-2	2+0	6+0	2+4	4+2	10-4	12-6	5-1	14-8	4+2	2+4	6+0	13-11	8-6	3-1	1+1	12-10
13-11	5-3	8-6	12-10	13-11	11-9	8-6	0+2	4-2	12-10	5-3	3-1	10-8	7-5	6-4	15-13	11-9	9-7	14-12	10-8

Keys rocking-horse

1 – light gray   5 – dark blue
2 – light beige   6 – yellow
3 – light blue   7 – black blue
4 – gray blue   8 – white

Elephant

7-6	12-11	13-12	14-13	8-7	5-4	9-8	4-3	11-10	13-12	1+0	14-13	10-9	2-1	3-2	1+0	15-14	12-11	1-0	13-12
13-12	14-13	6-5	7-6	6-5	10-9	2-1	3-2	15-14	7-6	12-11	6-5	5-4	9-8	8-7	4-3	11-10	14-13	6-5	8-7
8-7	14-13	6-5	11-10	13-12	0+3	1+1	12-5	15-8	10-5	0+1	1-0	10-7	4-1	12-9	0+1	7-6	5-4	10-9	9-8
10-9	5-4	8-7	1-0	2+1	14-12	10-3	15-13	9-2	10-3	12-7	5-2	7-4	11-8	6-3	14-11	15-10	1-0	2-1	10-9
0+1	9-8	5-4	3+0	15-12	1+2	7-5	14-7	8-1	13-6	11-4	14-9	9-6	0+3	13-10	2+1	1+4	2+3	3-2	4-3
1+0	10-9	3+1	10-7	8-5	12-9	7-4	1+3	1+6	2+5	4+3	6-1	1+2	8-5	10-7	15-12	11-6	10-5	15-14	11-10
9-8	2-1	0+4	11-8	2+1	15-12	4-1	11-7	7+0	3+4	9-2	8-3	14-11	11-8	12-9	5-2	13-10	3+2	4+1	1+0
3-2	0+1	9-5	5-2	1+2	8-5	6-3	13-9	5+2	8-1	3+4	7-2	1+2	5-2	13-10	2+1	3+0	5+0	9-4	12-11
4-3	15-14	8-4	13-10	10-7	0+3	9-6	14-11	5-1	4+3	0+7	13-8	3+0	14-11	6-3	0+3	15-12	14-9	13-8	3-2
12-11	11-10	4-0	3+0	7-4	12-9	4-1	11-8	12-8	6+1	9-4	7-4	8-5	6-2	7-4	10-7	4-1	7-2	12-7	7-6
15-14	2+1	1+0	5-2	6+2	1+5	2+1	3+0	7-4	11-8	5-2	4-1	6-3	15-11	9-6	14-11	9-6	8-3	0+5	0+1
15-12	0+3	3-2	6-3	15-12	15-12	10-7	11-8	5-2	4-1	13-10	5-2	12-9	10-6	6-3	13-10	11-8	11-6	6-1	15-10
1+2	2-1	4-3	13-10	0+3	8-5	1+2	4-1	6-3	3+0	9-6	2+1	7-3	14-10	1+2	0+3	15-12	4+1	14-5	5+0
8-5	3+0	1-0	10-7	14-11	14-11	3+1	12-9	0+4	7-4	14-11	7-2	2+2	12-8	10-7	8-5	7-4	2+3	3+6	1+4
7-4	12-9	5-2	4-1	9-6	6-3	11-5	11-7	13-10	12-9	6-3	15-10	14-10	6-2	12-9	3+0	11-8	10-5	0+9	13-4
4+0	11-8	13-10	9-6	9-5	10-1	13-7	5-1	0+3	10-7	4+1	13-9	15-9	2+2	5-2	4-1	6-3	0+5	2+7	10-1
14-5	15-6	9-0	11-2	1+8	12-3	7-3	2+1	8-5	2+3	8+1	7-1	12-6	9-4	15-11	0+3	2+1	14-11	14-9	5+4
13-4	4+5	7+2	3+6	0+9	8-4	9-6	1+2	11-6	12-3	10-1	9-3	5+1	13-8	2+2	15-12	3+0	1+2	12-7	1+8
8+1	2+7	5+4	6+3	3+6	1+3	14-11	6-1	8-3	9+0	10-4	14-8	8-2	14-5	10-6	13-10	8-5	9-6	3+2	6-3
5+4	6+3	7+2	4+5	2+7	0+9	1+8	15-6	11-2	13-4	14-5	10-1	12-3	13-4	11-2	8+1	4+5	7+2	9+0	15-6

Keys elephant

1 – turquoise   6 – dark blue
2 – pink   7 – light purple
3 – gray purple   8 – white
4 – blue   9 – green
5 – white purple

Slippers

13-8	10-5	8-3	11-6	14-9	11-10	3-2	1+0	2-1	4-3	12-7	1-0	9-8	10-5	10-9	8-7	0+1	14-9	13-8	6-1
7-2	12-7	6-1	7-6	2+1	15-12	8-5	0+3	9-6	1+1	7-5	15-13	3+0	10-7	12-9	4-1	5-2	5-4	14-13	9-4
15-10	9-4	12-11	6-3	11-5	14-8	15-9	13-7	14-12	8-2	15-9	13-7	12-6	2+4	11-5	4+2	0+6	7-4	11-8	13-12
4+1	15-14	1+2	10-4	3+1	1+3	0+4	6-4	7-1	9-3	5+1	7-1	15-11	3+1	13-9	5-1	1+3	10-4	3+0	6-5
5+0	14-11	1+5	4+0	11-7	0+2	9-7	9-5	13-9	12-6	8-2	9-3	10-6	11-7	12-8	8-4	4+0	14-8	11-8	8-3
2+3	13-10	6+0	11-9	3-1	5-1	14-10	6-2	5+1	11-5	14-8	10-4	3+3	2+2	0+4	9-5	11-7	15-9	12-9	4+1
10-5	8-5	5-3	2+0	10-8	8-4	7-3	12-8	4+2	15-12	10-7	0+3	9-6	1+5	6+0	3+3	13-7	13-10	5-2	15-10
9-4	4-1	6-3	2+4	0+6	12-10	8-6	3+3	1+2	12-7	14-9	1+4	14-9	14-11	2+1	6-3	4-1	0+5	12-7	5+0
0+5	1+4	13-10	5-2	11-8	7-4	13-11	4-2	5+0	3+2	13-8	3+2	8-3	11-6	6-1	1+4	3+2	7-2	11-6	3+2
12-7	14-9	7-2	11-6	1+4	2+3	10-5	6-1	8-3	5+0	15-10	0+5	4+1	5+0	10-5	9-4	6-1	1+4	12-7	14-9
8-3	6-1	3+2	5-4	0+1	2-1	10-9	9-4	7-2	10-5	4+1	12-7	15-10	2+3	7-2	13-8	14-9	0+5	7-2	6-1
13-8	15-10	8-7	2+1	0+3	15-12	7-5	11-9	14-13	2+3	11-6	13-8	9-4	3-2	15-14	12-11	7-6	2+3	13-8	9-4
4+1	3+0	1+2	7-1	10-4	0+2	14-12	2+1	0+3	6-5	13-12	1+0	9-8	4-1	14-11	13-10	5-2	1-0	10-9	10-5
0+5	10-7	6-4	1+1	15-13	10-6	11-7	11-5	15-12	10-7	12-9	8-5	1+2	11-5	15-9	14-8	13-7	11-8	6-3	11-10
11-6	11-8	8-2	6-2	9-7	9-5	4+0	13-9	15-9	13-7	0+6	1+5	7-1	1+3	11-7	4+0	10-4	8-2	2+1	4-3
1+4	12-9	1+5	14-10	7-3	0+2	12-8	8-4	2+2	14-8	4+2	6-2	2+2	8-4	12-8	13-9	14-10	12-6	7-4	15-10
0+5	7-4	8-5	0+6	4+2	5-1	4-2	10-8	15-11	9-3	6+0	12-6	10-6	0+4	9-5	3+1	15-11	5+1	8-5	4+1
9-4	10-5	3+2	5-2	13-10	8-2	2+4	5+1	3-1	2+0	12-10	14-8	3+3	2+4	6+0	7-3	9-3	15-12	10-7	5+0
6-1	7-2	13-8	1+4	9-6	8-5	14-11	6-3	4-1	13-11	5-3	8-6	3+0	7-4	9-6	1+2	0+3	8-3	11-6	2+3
14-9	15-10	8-3	12-7	13-8	7-2	15-10	2+3	5+0	4+1	11-6	8-3	6-1	0+5	9-4	10-5	3+2	1+4	12-7	14-9

Keys slippers

1 – dark beige 4 – pink

2 - yellow 5 – beige

3 – dark purple 6 – purple

Ice-cream

10-5	0+6	5+1	15-10	14-9	14-8	8-2	0+5	2+3	7-1	13-7	1+4	0+5	10-4	11-5	15-10	11-6	4+2	0+6	10-5
3+3	4+2	7-2	4+1	9-3	12-6	1+4	13-5	1+1	10-8	8-6	13-11	15-9	1+5	2+3	4+1	12-6	3+3	9-4	3+2
1+5	9-4	12-7	2+4	6+0	13-12	11-3	9-1	15-7	14-12	15-13	9-7	8-6	1+1	5+0	6+0	2+4	13-8	14-9	10-4
8-3	11-6	14-8	13-7	6-1	0+1	10-2	12-4	15-13	0+2	3-1	10-8	12-10	7-5	9-3	5+1	7-2	6-1	8-2	14-8
13-8	12-6	8-2	10-5	3+2	7+1	14-13	7-5	1+7	3-1	12-10	5-3	2+0	14-12	10-8	12-7	8-3	0+6	7-1	8-3
15-9	9-3	12-7	5+0	1+0	6-5	8+0	3+5	9-7	2+0	4-2	6-4	4-2	5-3	11-9	0+5	13-7	15-9	2+3	11-6
7-1	6-1	14-9	11-5	8-7	6+2	4+4	6-4	14-6	4-2	0+8	11-9	3-1	6-4	8+0	14-12	1+5	1-4	5+0	12-6
7-2	8-3	5+1	10-4	5-4	7-6	5+3	13-5	11-9	12-4	15-7	9-1	0+2	9-7	4+4	15-13	15-10	4+1	6+0	2+4
13-8	2+4	6+0	9-4	10-9	2+6	9-8	11-3	0+8	14-6	7+1	10-2	3+5	5-3	7-5	1+1	6-1	9-3	5+1	13-8
1+5	3+3	1+4	2+3	1+2	14-5	0+3	10-1	8-5	8+1	15-12	1+8	2+1	0+9	1+7	12-10	14-8	8-2	10-5	7-2
14-8	13-8	0+5	4+2	0+6	12-3	13-4	15-6	11-2	9-0	4+5	2+7	3+1	12-5	15-8	13-11	13-7	5+0	14-9	4+2
4+1	11-6	8-2	12-6	10-5	12-7	5+4	6+3	14-5	9-5	8-4	4+3	2+5	11-4	11-5	10-4	3+2	9-4	3+3	11-5
3+2	2+4	7-1	5+0	15-10	0+6	10-1	7+2	0+4	7-3	12-8	3+4	5+2	1+6	15-9	2+3	12-7	7-1	10-4	6-1
9-3	6+0	8-3	9-4	15-9	4+2	10-5	15-6	13-4	6-2	3+4	13-6	14-7	7-1	1-4	0+5	14-8	9-3	10-5	13-8
5+1	7-2	15-10	10-4	13-7	6-1	14-9	11-2	11-7	5-1	9-2	10-3	8-1	4+1	15-10	12-6	8-2	6-1	14-9	5+1
6-1	13-8	11-5	3-3	8-3	11-6	6+0	4+2	12-3	13-9	7+0	6+1	7-2	11-6	13-7	15-9	4+1	0+5	3+3	2+4
14-9	1+5	15-9	12-7	0+5	5+1	9-3	9-4	8-1	1+3	13-6	4+3	8-3	0+6	1+5	13-8	7-2	6+0	4+2	5+0
11-5	13-7	4+1	3+2	2+4	12-6	7-2	15-10	0+6	3+6	9-2	5+0	6+0	5+1	12-7	9-4	15-9	13-7	8-3	15-10
3+3	5+0	2+3	14-8	7-1	0+5	13-8	0+6	1+5	4+5	0-7	3+3	2+4	14-9	12-7	14-8	7-1	1-4	3+2	8-2
1+4	11-6	8-2	10-4	4+1	2+3	4+2	3+3	1-4	3-2	1+5	11-5	10-5	9-4	11-5	10-4	11-6	2+3	9-3	12-6

Keys ice-cream

1 – yellow brown   6 – purple

2 – light yellow   7 – beige

3 – red brown   8 – yellow

4 – dark beige   9 – brown

5 – turquoise

Anchor

14-13	1+0	2-1	15-14	13-12	8-7	10-9	5-4	1+1	15-13	6-4	10-7	1-0	3-2	6-5	5-4	8-7	9-8	10-9	14-13
12-11	14-13	3-2	7-6	4-3	10-9	14-13	7-5	9-6	2-1	4-3	14-12	9-7	14-13	15-14	11-10	13-12	15-14	1+0	4-3
0+1	9-8	6-5	11-10	9-5	0+1	6-5	10-8	13-12	6-5	0+1	3-2	0+2	11-10	1+0	0+1	9-8	10-6	1-0	2-1
2-1	3-2	1-0	3+1	11-7	5-4	1-0	3-1	7-4	5-4	9-8	13-11	5-3	12-11	11-10	5-4	2+2	6-2	6-5	10-9
12-11	7-6	15-14	1+3	0+4	9-8	4-3	13-12	11-9	2+0	12-10	8-6	8-7	10-9	12-11	15-14	13-12	1+0	11-10	8-7
13-12	5-4	6-5	11-10	1+0	8-7	10-9	9-8	7-5	4-2	13-10	6-3	1-0	2-1	15-14	0+1	3-2	4-3	12-11	14-13
1+0	3-2	4-3	15-14	1-0	5-3	11-10	1-0	8-7	0+2	14-11	5-4	10-9	6-5	1+1	13-12	8-7	14-13	1-0	9-8
15-14	2-1	0+1	3-2	15-13	11-9	2+0	4-2	12-10	1+1	8-6	13-11	5-3	3-1	9-7	6-4	4-3	2-1	14-10	3-2
11-10	4+0	4-3	12-11	1+0	14-12	5-4	10-9	1+0	15-13	3+0	9-8	1+0	3-2	10-8	1-0	1+0	7-3	15-11	6-5
12-11	14-13	2-1	14-13	6-5	1-0	3-2	9-8	4-3	9-7	15-12	2-1	4-3	11-10	15-14	6-5	13-12	8-7	10-9	9-8
13-12	6-5	0+1	11-9	13-12	8-7	0+1	8-4	11-10	10-8	10-7	14-13	6-2	5-4	10-9	0+1	4-2	14-13	5-4	0+1
8-7	4-2	5-3	2+0	7-5	2-1	15-14	12-11	13-12	0+2	12-9	8-7	13-12	1-0	12-11	13-11	8-6	4-2	12-10	12-11
6-4	5-4	13-11	2+1	14-13	14-12	6-5	10-9	9-8	3-1	8-5	15-14	3-2	11-10	0+2	1-0	5-3	12-9	15-14	3-1
10-9	9-8	8-6	1+2	5-4	1+0	8-7	13-9	3-2	12-10	0+3	4-3	1+0	10-9	0+1	14-13	10-8	11-8	3-2	11-10
15-14	11-10	4-3	1+1	12-11	0+1	12-8	5-1	1-0	14-12	7-4	6-5	5-4	9-8	2-1	8-7	2+0	1-0	1+0	4-3
4-3	2-1	1+0	14-13	15-13	2-1	13-12	6-5	5-4	9-7	4-1	1+0	13-12	12-11	1-0	6-4	9-8	14-13	2-1	10-9
6-5	14-13	15-14	11-10	3-2	6-4	11-9	7-5	8-7	10-8	11-8	10-9	9-7	11-9	15-13	12-11	8-7	6-5	0+1	5-4
5-4	1-0	10-9	12-11	8-7	10-9	9-8	0+2	3-1	5-3	12-10	2+0	7-5	0+1	15-14	14-13	1+0	7-6	12-11	13-12
0+1	4-3	2-1	9-8	13-12	1+0	3-2	8-7	4-2	13-11	8-6	14-12	2-1	4-3	6-5	8-7	10-9	9-8	3-2	4-3
11-10	13-12	6-5	15-14	1-0	12-11	14-13	5-4	0+1	1+1	5-2	9-8	3-2	11-10	13-12	5-4	2-1	0+1	15-14	11-10

Keys anchor

1 – light blue   3 – gray blue

2 – gray   4 – white blue

Owl

8:2	0+4	2x2	8:2	12:3	1+3	8-4	15-11	8:2	12:3	2+2	24:6	12-8	12:3	10-6	8:2	0+4	8:2	3+1	12:3
3+1	16:4	11-7	16:4	24:6	0+4	12-5	24:6	6-2	3+1	10-6	15-11	28:7	2+2	35:5	3+1	24:6	16:4	0+4	1+3
12:3	1+3	4+0	24:6	9-5	32:8	14:2	5:5	16:4	7-3	20:5	14-10	5-1	12-11	3+4	12:3	9-5	24:6	9-5	10-6
11-7	32:8	9-5	4+0	13-9	4x1	21:3	0+7	4:4	13-12	14-13	2:2	7-6	5+2	42:6	1+3	32:8	4+0	32:8	2+2
2x2	5-1	28:7	12-8	36:9	14-7	28:4	2+5	21:3	28:4	6-5	49:7	56:8	4+3	63:9	3+4	4+0	8-4	4x1	12:3
8-4	24:6	15-11	7-3	12-8	11-4	13-5	12-4	11-3	15-8	9-2	4+3	32:4	4x2	0+8	12-5	16:4	13-9	36:9	15-11
4x1	12:3	2+2	20:5	35:5	15-7	16:2	9-6	56:7	14-6	49:7	1+7	8+0	12:4	16:2	6+2	14:2	11-7	2x2	24:6
13-9	10-6	3+1	14-10	8-1	24:3	2+1	13-11	9:3	2x4	10-3	8x1	0+3	8-6	1+2	2+6	14-7	7-3	14-10	20:5
36:9	6-2	16:4	8:2	42:6	40:5	10-2	6:2	7+1	72:9	56:8	24:3	4+4	15:5	32:4	40:5	21:3	6-2	16:4	8:2
28:7	5-1	8:2	11-10	13-6	63:9	48:6	9-1	64:8	1+1	7-5	16:8	5+3	48:6	3+5	11-4	28:4	1x1	11-7	8-4
12:3	1+3	16:4	1x4	6+1	7x1	1+6	14:2	7+0	4-3	10:5	1x5	4+3	35:5	28:4	15-8	3+4	15-14	2x2	4x1
9-5	0+4	24:6	13-6	6+1	7+0	28:4	1+6	10-3	14:2	10-8	12-5	63:9	14:2	8-1	42:6	21:3	42:6	13-9	36:9
32:8	11-7	2x2	63:9	7x1	21:3	0+7	14:2	56:8	14-7	21:3	11-4	56:8	14-7	9-2	49:7	11-4	49:7	12-8	28:7
8:2	4+0	8-4	35:5	8-1	3:3	15-8	2-1	63:9	35:5	15-8	28:4	8-1	7:7	35:5	3-2	10-3	56:8	5-1	9-3
12-8	5-1	28:7	42:6	9-2	0+1	8:8	1+0	13-6	6+1	7+0	14:2	1+6	6:6	3+4	1-0	9-2	13-6	1+5	18:3
4x1	36:9	13-9	2:2	49:7	10-3	14-13	21:3	0+7	6-5	7x1	1x3	28:4	2+5	8-7	4+3	63:9	9:9	0+6	30:5
11-5	12:2	10-4	6-2	56:8	35:5	42:6	49:7	28:4	1x2	10-9	5-4	63:9	7x1	14:2	1+6	3+4	5+1	24:4	6+0
16:4	13-7	8-2	42:7	13-12	3+4	5+2	4+3	2+5	49:7	10:10	42:6	6+1	0+7	21:3	7+0	9-8	12:2	13-7	14-9
7-3	18:3	7-1	48:8	15-9	24:4	18:9	0+2	2x1	4+3	56:8	5+2	2+0	4-2	5-3	54:9	3x2	13-8	35:7	7-2
14-10	20:5	14-8	36:6	30:5	10-5	18:9	10:2	3-1	12-7	15:3	9-4	1x2	20:4	12-10	25:5	30:6	6-1	2x3	12-6

Keys owl

1 – red   5 – brown
2 – dark purple   6 – green
3 – blue   7 – orange
4 – turquoise   8 – yellow

Violet car

13-12	6-5	14-13	8-7	10-9	0+1	8-6	1+1	14-12	15-13	9-7	10-5	12-7	9-4	11-10	1-0	12-11	13-12	8-7	10-9
5-4	9-8	2-1	1-0	3-2	6-4	11-9	7-5	10-8	3-1	0+2	4-2	5-3	14-9	13-8	7-6	14-13	6-5	5-4	9-8
1+0	15-14	4-3	11-10	13-11	2+0	12-10	1+1	15-13	7-5	14-12	9-7	6-4	11-9	2+0	7-2	0+1	2-1	3-2	1-0
12-11	7-6	13-12	6-5	0+2	10-8	2+1	1+2	15-12	3+0	8-5	10-7	7-4	12-9	3-1	6-1	4-3	1+0	11-10	14-13
10-9	9-8	14-13	13-11	12-10	0+3	3+1	9-5	4+0	13-9	7-3	15-11	14-5	10-1	11-8	4-2	8-3	7-6	12-11	6-5
2-1	0+1	8-7	8-6	1+2	0+4	1+3	11-7	8-4	12-8	2+2	3+1	1+3	13-4	11-2	4-1	15-10	15-14	8-7	5-4
3-2	4-3	5-4	1+1	15-12	6-2	5-1	10-6	1+3	9-5	6-2	14-10	4+0	9-5	15-6	5-2	11-6	10-9	0+1	3-2
15-14	1+0	15-13	14-12	8-5	7-3	14-10	3+1	4+0	8-4	12-8	10-6	11-7	12-8	12-3	6-3	5-3	15-13	9-8	13-12
7-5	4+1	9-7	6-4	0+3	2+2	15-11	0+4	11-7	13-9	5-1	0+4	13-9	5-1	8-4	9-6	12-10	13-11	8-6	4+1
11-9	10-8	7-4	10-7	5-2	13-10	9-6	2+1	14-11	6-3	4-1	11-8	12-9	7-4	10-7	13-10	1+2	2+1	1+1	14-12
15-14	12-9	0+2	3-1	3+0	4-2	6-4	0+2	5-3	6-4	0+2	8-6	14-12	3+2	10-5	3+0	7-5	2+0	0+3	2-1
13-11	2+0	5-3	8-3	11-8	12-10	11-9	2+0	13-11	11-9	3-1	13-11	1+1	12-7	9-4	14-11	1+4	0+5	5+0	4-2
1+1	8-6	13-5	15-7	15-10	4-1	10-8	12-10	8-6	7-5	5-3	4-2	12-10	14-9	15-12	9-7	7+1	1+7	2+3	5-3
11-5	13-10	12-4	9-1	10-2	11-6	5-2	3-1	14-12	9-7	10-8	2+0	13-8	8-5	6-4	4+4	8+0	6+2	12-9	1+5
13-7	12-5	14-11	11-3	14-6	15-13	6-3	4-2	15-13	7-5	7-2	6-1	15-13	4-1	9-7	2+6	5+3	11-8	10-3	3+3
10-4	14-7	11-4	9-6	14-12	7-5	9-7	2+1	8-5	7-4	11-8	6-3	13-10	11-9	10-8	0+2	3-1	15-12	13-6	15-9
15-9	14-8	7-1	15-8	1+2	0+3	15-12	3-0	10-7	12-9	5-2	14-11	9-6	15-12	10-7	8-5	7-4	3+4	6+0	2+4
8-2	9-3	12-6	5+1	8-1	9-2	10-3	3+5	13-5	9-1	11-3	7+1	0+8	1+6	2+5	5+2	4+3	12-6	5+1	4+2
1+5	6+0	2+4	4+2	13-6	6+1	7+0	12-4	15-7	10-2	14-6	0+8	6+2	0+7	3+4	4+3	13-7	14-8	8-2	9-3
11-10	3+3	11-5	13-7	0+6	13-12	6-5	5-4	9-8	0+1	10-9	8-7	14-13	7-6	12-11	11-5	10-4	15-9	7-1	4-3

Keys violet car

1 – white   6 – gray
2 – purple   7 – dark blue
3 – violet   8 – yellow
4 – blue   9 – light blue
5 – light violet

Truck

15-5	13-3	4+6	10+0	2+8	3+7	10+0	1+9	6+4	14-4	2+8	7+3	3+7	11-1	9+1	2+8	10+0	8+2	0+10	2+8
11-1	9+1	2+8	5+5	7+3	4+6	2+8	5+5	11-1	12-2	15-5	12-2	6+4	4+6	0+10	8+2	15-5	3+7	8+2	2+8
12-2	6+4	1+9	8+2	0+10	15-5	8+2	0+10	9+1	13-3	14-4	13-3	1+9	5+5	2+8	7+3	14-4	2+8	10+0	5+5
14-4	10-5	12-7	9-4	14-9	13-8	15-10	4+1	2+3	5+0	11-6	8-3	7-2	6-1	3+7	9+1	11-1	7+3	9+1	4+6
0+5	1+4	14-5	1+8	7+2	14-5	13-4	10-1	12-3	15-6	0+9	12-3	14-5	6+4	1+9	4+6	12-2	6+4	1+9	12-2
10-5	14-5	0+9	13-4	9+0	5+4	11-2	8+1	4+5	9+0	8+1	13-4	15-6	10+0	5+5	2+8	13-3	14-4	11-1	13-3
12-7	10-1	12-3	5+4	10-1	4+5	9+0	0+9	1+8	5+4	10-1	9+0	1+8	11-5	13-7	0+10	15-9	10-4	15-5	7-1
9-4	13-4	8+1	9+0	2+7	11-2	1+1	14-12	2+7	11-2	4+5	6+3	13-4	9-2	13-6	1+6	0+7	8-2	12-6	9-3
3+2	15-6	4+5	7+2	11-2	6-4	9-7	7-5	11-9	7+2	3+6	14-5	6+3	10-3	15-8	2+1	1+2	5+1	6+0	2+4
7-2	0+9	6+3	13-4	1+8	10-8	3+6	12-3	13-11	7+2	5+4	7+2	2+7	6+1	11-4	0+3	15-12	14-8	4+2	3+3
6-1	5+4	11-2	15-6	5+4	12-10	4+5	14-5	8-6	13-4	6+3	11-2	3+6	7+0	8-1	8-5	10-7	3+0	14-10	15-11
13-8	3+6	8+1	6+3	3-1	1+8	15-13	0+2	1+8	2+0	10-1	8+1	2+7	2+5	4+3	0+7	5+2	4+3	6+1	2+2
8-3	14-5	10-1	12-3	7+2	4+5	4-2	5-3	6+3	0+9	15-6	11-2	15-6	3+4	12-5	14-7	4+3	2+5	3+4	11-7
14-9	3+6	0+9	15-10	4+1	15-6	9+0	8+1	12-3	10-1	3+6	8+1	12-3	4+3	13-8	7-2	1+6	13-6	7+0	10-6
12-5	14-7	8-1	0+1	13-12	9-2	10-3	7+0	3+4	12-5	15-8	3+4	2+5	1+6	1+0	2-1	10-3	7-4	12-9	8-4
11-4	15-8	14-13	10-5	14-9	10-9	6+1	13-6	5+2	11-4	14-7	4+3	0+7	3-2	8-3	6-1	4-3	8-1	9-2	13-9
3+1	0+4	8-7	9-4	12-7	5-4	1+3	9-5	11-7	13-9	12-8	8-4	4+0	15-14	15-10	11-6	11-10	5-1	6-2	7-3
13-5	15-7	12-4	6-5	9-8	11-3	0+8	15-7	9-1	1+7	0+8	2+6	3+5	1+7	12-11	1-0	12-4	10-2	14-6	15-7
9-1	14-6	10-2	4+4	6+2	7+1	3+5	12-4	10-2	4+4	5+3	13-5	10-2	9-1	14-6	15-7	11-3	6+2	0+8	7+1
1+7	8+0	2+6	5+3	13-5	11-3	7+1	14-6	8+0	6+2	13-5	12-4	8+0	7+1	11-3	3+5	9-1	5+3	4+4	2+6

Keys truck

1 – dark violet	6 – light green
2 – red	7 – orange
3 – light blue	8 – gray brown
4 – green	9 – blue
5 – dark blue	10 – light gray blue

Ship

13-12	8-7	10-9	1+0	11-10	0+1	2-1	15-14	11-10	14-13	8-7	9-8	7-6	3-2	12-11	5-4	13-12	9-8	2-1	4-3
14-13	5-4	9-8	3-2	14-13	8-7	5-4	1+0	4-3	12-11	10-9	11-8	6-5	2-1	1+0	10-9	14-13	15-14	0+1	3-2
6-5	2-1	4-3	0+1	14-7	6-5	10-9	8-1	10-3	1+6	14-7	4-1	5-4	0+1	7-6	6-5	8-7	12-5	11-4	8-1
12-5	15-14	11-4	7-6	13-12	6-3	15-8	9-8	3+4	13-6	3-2	7-5	6-4	14-7	9-2	6+1	7+0	11-10	4-3	13-12
12-11	15-8	8-1	10-3	6+1	14-11	1+1	4+3	9-2	6+1	11-9	11-5	10-8	5-2	13-10	3+4	2+5	10-3	15-8	4+3
9-2	13-6	7+0	2+5	3+4	14-12	15-13	12-5	11-4	9-7	0+2	13-7	14-8	2+0	3+4	0+7	1+6	13-6	3+1	5+2
1+6	2+1	9-6	13-11	8-6	12-7	9-3	3-1	4-2	15-9	10-4	5-3	7-1	12-6	12-10	10-6	9-5	8-4	0+7	0+4
0+7	5+2	7-5	15-13	1+5	10-5	14-9	1+1	3+1	14-12	8-2	5+1	11-9	6+0	3+3	3-1	13-9	2+5	11-7	3+4
5-1	9-5	0+4	6-4	2+4	9-4	13-8	4+2	9-7	1+3	10-8	0+6	0+2	10-4	14-8	4-2	5-1	7+0	12-8	6-2
14-10	6-2	13-9	11-7	12-10	6-1	8-3	11-5	2+0	4+0	5-3	13-7	14-12	7-1	8-2	1+1	7-3	15-11	14-10	8-4
15-11	8-1	8-4	12-8	13-11	15-10	4+1	15-9	8-6	9-7	9-3	6+0	7-5	10-4	15-13	4+0	2+2	9-5	10-6	11-7
2+2	7-3	14-5	3-1	0+6	11-6	1+5	0+2	11-2	10-8	5+1	6-4	14-8	7-1	11-9	15-6	8+1	1+3	0+9	4+5
10-1	13-4	2+0	3+3	1+4	2+4	13-11	14-12	12-10	12-6	13-7	15-9	5-3	4-2	12-3	11-2	9+0	5+4	2+7	7+2
14-12	9-7	4+2	7-2	11-5	6-4	3+0	3+6	15-13	8-6	1+1	7-5	1+2	10-1	14-4	6+4	1+9	8+2	10+0	1+8
15-5	14-4	13-3	6+4	10-8	11-9	15-12	14-5	13-4	3+7	2+8	4+6	0+10	3+7	12-2	0+3	2+1	5+5	12-3	15-6
6+3	12-2	2+1	9+1	2+8	1+9	0+10	2+8	9+1	6+4	13-10	3+0	10-7	12-9	15-12	13-3	4+6	2+8	14-12	7-5
0+2	11-1	1+2	0+3	6-1	10-7	8-3	11-8	7-2	5-2	9-6	8-5	7-4	2+8	11-1	9+1	13-11	15-7	2+6	9-1
13-5	15-7	4+6	8-5	7-4	12-9	4-1	6-3	14-11	14-4	15-5	10+0	8+2	15-5	13-7	15-9	5+3	1+1	12-4	11-3
9-1	3-1	12-4	10+0	5+5	8+2	7+3	11-1	12-2	13-3	1+9	5+5	7+3	4+4	6+2	7-1	13-5	15-13	9-7	6-4
4-2	10-2	2+0	11-3	12-10	5-3	14-6	1+7	8+0	7+1	11-5	10-4	0+8	14-8	11-5	3+5	8-6	10-2	14-6	7+1

Keys ship

1 – dark purple   6 – light blue

2 – blue   7 – purple

3 – light brown   8 – dark blue

4 – red   9 – yellow

5 – gray beige   10 – brown

Mouse

11-5	8-2	1+5	2+4	10-4	15-9	8-2	6+0	5+1	8-2	12-6	15-9	7-1	13-7	11-5	3+3	7-1	8-2	12-6	9-3
13-7	12-6	6+0	0+6	4+2	3+3	7-1	2+4	12-6	6+0	9-3	5+1	14-8	10-4	8-1	9-2	13-6	10-4	14-8	5+1
14-8	9-3	5+1	12-5	14-7	8-1	14-8	1+5	9-3	2+4	3+3	4+2	0+6	14-7	15-14	12-11	6+1	7+0	15-9	6+0
15-9	7-1	13-6	10-3	6+1	15-8	7+0	11-4	13-7	3+3	0+6	1+5	12-5	1-0	10-6	14-10	12-8	2+5	0+7	1+5
10-4	3+3	9-2	13-12	6-5	5-4	1+6	3+4	2+5	4+2	11-5	13-7	15-8	4-3	4+0	15-11	5-1	7-3	1+6	0+6
4+2	0+7	8-7	14-13	3+1	0+4	9-5	11-4	15-8	11-5	1+6	8-1	9-2	11-10	11-7	9-5	6-2	2+2	10-3	2+4
0+6	5+2	10-9	1+3	11-7	8-4	12-8	9-2	13-6	4+3	11-4	10-3	6+1	13-6	7-6	13-12	14-13	15-8	4+2	4+2
11-5	14-7	0+1	13-9	5-1	7-3	6-2	4+0	2+5	14-7	0+7	1+3	9-5	13-9	6-2	12-5	11-4	5+1	0+6	3+3
15-9	14-8	4+3	9-8	2-1	3-2	14-10	7+0	3+4	1+6	15-11	0+4	11-7	5-1	14-12	12-9	7-1	12-6	6+0	2+4
7-1	8-2	5+1	12-5	8-1	10-3	6+1	5+2	7+0	2+2	1+1	0+3	12-8	15-11	3+1	13-7	15-9	8-2	9-3	1+5
1+5	2+4	6+0	8-2	12-6	0+6	1+5	2+5	5+2	3+1	10-6	4+0	2+2	9-5	0+4	11-5	10-4	14-8	10-5	3+2
12-6	9-3	9-2	13-6	5+1	2+4	3+3	0+7	4+3	8-4	7-3	14-10	13-9	8-4	15-13	6-3	4+1	13-8	14-9	0+5
13-7	15-8	15-9	7-1	10-3	6+0	4+2	9-3	3+4	12-5	10-6	4+0	11-7	1+3	10-8	3-1	10-5	5+0	12-7	2+3
12-5	11-5	10-4	8-1	14-8	12-7	10-5	14-7	8-1	15-8	11-4	10-5	14-9	9-4	13-8	8-3	2+3	6-1	2+3	5+0
10-4	13-7	11-4	15-10	9-4	8-3	13-6	6+1	7+0	2+5	10-3	12-7	6-1	15-10	11-6	1+4	12-7	0+5	9-4	1+4
4+1	14-7	1+4	11-6	14-9	3+4	5+2	4+3	14-7	8-1	1+6	9-2	3+2	7-2	5+0	0+5	3+2	11-6	3+2	4+1
10-5	6+1	2+3	5+0	13-8	15-8	13-6	1+6	7+0	2+5	0+7	14-9	6+1	7-2	8-3	1+4	9-4	4+1	1+4	11-6
0+5	9-4	7+0	3+2	11-4	10-3	9-2	12-5	0+7	3+4	0+5	9-4	4+1	5+0	2+3	9-4	14-9	6-1	8-3	15-10
14-9	6-1	8-3	1+6	6-1	12-7	5+2	0+7	2+5	3+4	4+3	5+2	4+3	13-8	6-1	12-7	13-8	7-2	15-10	8-3
15-10	7-2	11-6	13-8	7-2	4+1	5+0	2+3	1+4	3+2	12-7	10-5	15-10	11-6	0+5	10-5	14-9	13-8	6-1	7-2

Keys mouse

1 – red brown   5 – gray purple
2 – black   6 – gray
3 – white   7 – brown
4 – beige

Acorns

2+1	3+0	12-9	4-1	6-3	13-10	14-11	9-6	2+1	0+3	15-12	1+4	5+0	3+0	13-10	6-3	0+3	15-12	8-5	3+0
11-8	1+2	7-4	11-8	5-2	5+0	2+3	7-2	8-3	1+2	11-6	1+1	2+3	10-5	5-2	14-11	2+1	9-6	1+2	10-7
14-11	4-1	0+3	12-9	6-1	14-9	5-3	12-10	3+2	15-10	4+1	9-7	6-4	0+5	3+2	4-1	11-8	3+0	10-7	12-9
1+2	9-6	5-2	15-12	0+5	13-8	9-4	4-2	8-6	14-12	7-5	11-9	10-8	2+0	12-7	9-4	6-1	15-12	8-5	7-4
15-12	3+0	2+1	6-3	8-5	10-7	8-3	11-6	13-11	15-13	12-7	9-4	10-5	4-2	5-3	12-10	7-2	8-3	1+2	0+3
10-7	7-4	8-5	0+3	13-10	12-7	4+1	3-1	2+0	13-8	14-9	0+2	3-1	13-11	14-9	13-8	11-6	1+4	10-5	2+1
10-7	7-4	8-5	15-10	1+4	10-5	10-8	0+2	7-2	8-3	6-1	8-6	5+0	14-9	9-4	0+5	6-3	13-10	2+3	4+1
11-8	4-1	12-9	12-7	8-6	7-5	6-4	5+0	4+1	6-3	15-10	0+2	13-8	3+2	12-7	4-1	14-11	9-6	5-2	15-10
6-3	5-2	9-4	14-9	1+1	11-9	9-7	2+3	12-9	5-2	11-6	6-1	7-2	8-5	12-9	10-7	11-8	7-4	14-12	7-5
2+1	1+2	13-10	6-1	15-13	14-12	0+5	1+4	11-8	4-1	13-10	9-6	3+0	15-12	1+1	3-1	12-10	13-11	14-11	1+2
15-12	0+3	14-11	7-2	13-8	3+2	10-5	8-5	10-7	7-4	1+1	14-12	15-13	11-9	10-8	12-9	5-2	6-3	9-6	0+3
10-7	8-5	9-6	2+1	0+3	1+2	15-12	3+0	7-5	6-4	9-7	14-11	2+0	15-12	8-5	11-8	4-1	13-10	2+1	6-4
7-4	3+0	12-9	3-1	5-3	12-10	4-2	2+0	8-6	0+3	1+2	2+1	4-2	5-3	10-7	7-4	1+2	15-13	11-9	1+2
4-1	5-2	11-8	3+1	1+1	15-13	13-11	8-6	2+0	3+0	15-12	0+2	3-1	4-2	9-7	2+1	3+1	0+4	10-8	12-9
13-10	6-3	9-5	1+3	0+4	14-12	7-5	9-7	10-8	8-5	5-3	13-11	8-6	1+1	15-13	12-10	1+3	1+0	0+3	4-1
9-6	14-11	11-7	4+0	8-4	13-9	6-4	11-9	10-8	10-7	6-4	9-7	14-12	7-5	11-9	0+2	4-1	9-6	11-8	5-2
2+1	15-11	7-3	6-2	14-10	15-11	13-12	0+2	11-8	7-4	12-9	4+0	8-4	12-8	14-13	8-5	5-2	3+0	6-3	13-10
1+2	2+2	5-1	12-8	10-9	6-5	14-11	13-10	6-3	5-2	4-1	13-9	9-5	11-7	5-4	10-7	6-3	2+1	3+0	15-12
0+3	10-6	8-7	9-8	3+0	15-12	9-6	13-10	9-6	2+1	3+0	5-1	7-3	6-2	2-1	11-8	13-10	0+3	8-5	10-7
8-5	10-7	7-4	12-9	11-8	4-1	5-2	6-3	14-11	0+3	15-12	1+2	14-10	0+1	7-4	12-9	14-11	14-11	9-6	7-4

Keys acorns

1 - brown   4 – yellow
2 – dark green   5 – green
3 – white blue

Car

2+1	1+2	0+3	15-12	8-5	10-7	12-9	6-3	13-10	9-6	2+1	1+2	0+3	15-12	10-7	3+0	8-5	7-4	12-9	11-8
7-5	14-12	8-6	3+0	4-2	7-4	11-8	4-1	5-2	6-4	11-9	14-11	10-8	8-5	7-4	15-12	10-1	11-2	10-7	4-1
9-7	15-13	1+1	12-10	5-3	2+0	8-5	10-7	7-5	13-11	15-13	9-7	0+2	3+0	12-9	2+7	13-5	15-7	6+3	5-2
10-8	11-9	13-10	6-4	13-11	7-4	11-8	12-9	14-12	1+1	12-10	4-2	5-3	3-1	11-8	13-4	12-4	9-1	14-5	6-3
9-6	15-12	0+3	2+1	14-11	6-3	4-1	5-2	3+0	3-1	0+3	2+0	4-1	5-2	6-3	14-11	3+6	1+8	13-10	14-11
12-9	7-4	8-5	1+2	10-7	4-1	5-2	2+1	0+3	1+2	15-12	1+2	13-10	9-6	2+1	9-6	2+1	0+3	8-5	10-7
13-10	6-3	11-8	3+0	11-5	14-8	7-1	9-3	8-2	5+1	6+0	4+2	11-5	13-7	10-4	1+2	3+0	15-12	12-9	4-1
9-6	12-9	14-11	15-9	13-7	10-4	8-6	1+1	15-13	12-6	2+4	3+3	2+0	1+1	15-13	7-4	11-8	6-3	9-6	1+2
11-8	5-2	4-1	15-9	14-8	7-5	14-12	9-7	6-4	1+5	2+0	11-9	3-1	5-3	13-11	8-6	5-2	13-10	0+3	15-12
13-10	14-11	6-3	7-1	0+2	3-1	11-9	4-2	13-11	0+6	9-7	10-8	4-2	14-12	7-5	11-9	0+2	14-11	8-5	3+0
9-6	8-2	12-6	9-3	14-12	12-10	10-8	5-3	1+1	4+2	6-4	0+2	12-10	9-7	6-4	10-8	8-6	8-2	2+1	10-7
2+1	5+1	13-7	4+2	0+6	14-8	8-2	15-13	7-5	6+0	13-7	14-8	11-5	14-8	1+5	6+0	4+2	12-6	7-1	7-4
12-5	6+0	10-4	15-9	7-1	9-3	12-6	5+1	2+4	3+3	15-9	2+4	15-9	7-1	9-3	8-2	10-4	5+1	14-7	8-1
1+5	2+4	11-5	3+3	8-7	10-9	1+0	1+5	0+6	11-5	10-4	3+3	13-7	1+0	4-3	11-10	0+6	9-3	15-8	11-4
10-5	3+1	0+4	13-12	14-13	9-8	1-0	4-3	1+3	9-5	11-7	4+0	5-4	1-0	15-14	7-6	13-12	8-4	14-9	6-1
9-4	14-9	6-1	8-7	6-5	15-10	5-4	15-14	8-3	1+4	2+3	3+2	9-8	0+1	0+5	14-13	8-7	12-7	9-4	13-8
13-8	7-2	12-7	2-1	3-2	0+1	11-10	12-11	11-6	5+0	10-5	4+1	10-9	3-2	12-11	6-5	10-9	7-2	8-3	11-8
15-5	11-1	9+1	5+5	7-6	14-13	6-5	13-3	2+8	14-4	6+4	2+8	0+10	2-1	13-12	5-4	2+8	3+7	13-3	4+6
15-12	8-5	4+6	2+8	10-7	7-4	1+9	7+3	13-10	5-2	12-2	1+9	12-9	14-11	5+5	15-5	4-1	6-3	14-4	2+8
6+4	10+0	8+2	12-2	3+7	14-4	0+10	15-5	11-1	9+1	4+6	10+0	13-3	8+2	7+3	11-1	9+1	12-2	6+4	1+9

Keys car

1 – black	6- red
2 – light gray blue	7 – light brown
3 – white beige	8 – yellow
4 – red brown	9 – orange
5 – gray	10 – blue

Loco

11-5	13-7	15-5	13-3	12-6	12-2	6+4	2+8	1+5	4+2	13-7	14-8	8-2	15-9	6+4	14-8	10+0	4+6	7-1	2+8
10-4	11-1	14-4	7-2	8-3	9+1	4+6	10+0	1+9	2+4	0+6	10-4	0+10	8+2	7+3	5+5	3+7	15-5	2+8	14-4
14-8	15-9	13-8	6-1	3+5	15-7	11-3	5+1	6+0	3+3	11-5	7-1	9-3	11-1	13-3	9+1	14-4	12-2	1+9	11-1
10-5	12-7	14-9	12-4	13-5	9-1	14-6	1+7	0+8	6+2	5+5	8+2	8-2	12-6	6+0	2+4	3+3	10-4	9-3	11-5
9-4	10-2	7+1	8+0	4+4	2+6	13-5	12-4	15-7	5+3	12-6	0+10	2+8	7+3	15-5	3+7	5+1	15-9	5+1	0+6
3+1	9-5	12-5	11-4	9-2	15-8	13-6	6+1	3+4	6+0	5+1	0+6	4+2	14-8	13-4	13-5	4+2	14-8	8-2	2+4
7-1	1+3	14-7	7-6	14-13	5-4	10-3	7+0	5+2	2+4	1-0	12-11	10-4	6+3	10-1	3+6	15-7	13-7	6+0	1+5
8-2	11-7	8-1	6-5	10-9	9-8	1+0	2+5	4+3	3+3	3+1	14-7	15-9	7-1	14-5	9-1	13-7	1+5	7-1	12-6
9-3	0+4	1+6	0+1	2-1	8-7	3-2	0+7	11-4	1+5	1+3	11-4	11-5	2+1	2+7	12-4	9-3	9-6	0+6	13-10
1+2	8-4	4+3	4-3	13-12	15-14	11-10	2+5	3+4	14-5	10-1	8+1	5+4	2+7	14-5	13-4	11-2	14-11	6-3	4-1
10-7	13-9	3+4	12-5	1+6	3+4	13-6	3+4	5+2	11-2	13-4	9+0	4+5	7+2	6+3	10-1	12-3	8+1	5-2	11-8
4+0	5-1	11-4	14-7	3+4	14-7	8-1	9-2	0+7	15-6	12-3	15-10	11-6	9-1	14-6	3+6	9+0	4+5	12-9	3+0
12-8	6-2	13-6	9-2	7+0	5+2	4+3	0+7	5+2	0+9	1+8	4+1	2+3	10-2	11-3	15-6	7+2	6+3	8-5	7-4
14-10	2+2	8-1	10-3	2+5	12-5	15-8	10-3	4+3	10-1	12-3	7+2	15-6	8+1	0+9	1+8	5+4	14-5	10-7	2+1
13-9	10-6	1+6	15-8	6+1	4+3	6+1	7+0	4+3	1+8	0+9	5+4	9+0	4+5	11-2	2+7	3+6	13-4	1+2	15-12
15-11	8-3	7+1	1+1	6-4	11-9	8+0	4+4	2+6	13-5	12-4	3+5	0+8	10-8	14-12	0+2	11-3	4+4	14-6	0+3
7-3	15-10	10-8	14-12	13-12	0+2	3-1	1+7	5+3	15-7	9-1	6+2	8-6	4-2	15-14	3-1	13-11	7+1	8+0	10-2
6-3	9-6	2+0	6-5	8-7	5-4	15-13	2+1	15-12	10-7	6-3	4-1	9-7	0+1	10-9	2-1	6-4	8-5	7-4	0+3
10-7	13-10	4-2	7-5	14-13	9-7	5-3	0+3	8-5	3+0	5-2	14-11	12-10	2+0	9-8	7-5	5-3	12-9	15-12	11-8
14-11	7-4	3+0	12-10	8-6	13-11	1+2	7-4	11-8	12-9	13-10	9-6	2+1	15-13	1+1	11-9	1+2	10-7	4-1	5-2

Keys loco

1 – dark blue   6 – turquoise
2 – blue   7 – green
3 – gray   8 – red
4 – dark green   9 – dark beige
5 – dark red   10 – white

Strawberry

2+1	15-12	10-7	6-3	13-10	9-6	2+1	15-13	7-2	7-4	12-9	11-8	4-1	6-3	5-2	13-10	1+2	9-6	0+3	2+1
1+2	0+3	8-5	7-4	12-9	11-8	4-1	7-5	15-10	10-7	6-1	8-3	11-6	7+0	0+7	14-11	15-12	10-7	8-5	5-2
10-5	14-9	6-1	12-7	5-2	14-11	1+2	9-7	1+4	5+0	0+2	3-1	4+1	9-2	2+5	3+4	3+0	4-1	7-4	13-10
4-1	11-8	3+0	1+1	13-8	0+3	15-12	11-9	2+3	3+2	0+5	14-7	15-8	1+6	4+3	12-5	8-1	6-3	12-9	9-6
13-10	5-2	6-3	14-11	14-12	8-3	8-5	6-4	10-8	3+2	12-7	14-9	13-8	9-4	10-5	11-4	14-7	15-8	11-8	14-11
9-6	3+0	7-2	9-4	15-10	11-6	9-4	6-1	14-9	12-7	12-5	11-4	8-1	10-3	6+1	4+3	6+1	3+4	13-6	2+1
2+1	8-6	1+4	0+5	2+0	7-2	11-6	8-3	13-8	1+4	12-7	3+1	0+4	13-6	5+2	7+0	4-3	3+4	2+5	0+3
0+3	1+1	3+2	10-5	5+0	4-2	2+3	15-10	5-3	0+5	9-4	14-9	1+3	11-7	8-4	9-2	1+6	0+7	10-3	15-12
15-12	14-12	4+1	2+3	15-9	0+2	10-5	4+1	13-9	12-10	13-11	13-8	9-5	2-1	13-9	1+6	5+2	4+3	0+7	1+2
10-7	9-7	7-5	8-2	14-8	3-1	5+0	4+0	8-4	12-8	1+3	3+1	4+0	12-8	3+1	0+4	4+3	3-2	3+4	8-5
7-4	15-13	6+0	12-6	3+1	10-8	1+3	9-5	13-12	5-1	10-6	0+4	5-1	4+0	1+3	9-5	7+0	2+5	3+4	7-4
1+2	9-3	5+1	7-1	0+4	11-9	11-7	6-2	1+3	15-11	2+2	9-5	6-2	11-7	8-4	10-9	5-1	15-8	6+1	3+0
8-5	3+3	13-7	14-13	0+6	6-4	7-3	2+2	9-5	8-4	15-11	11-7	7-3	13-9	12-8	6-2	7-3	13-6	9-2	10-7
12-9	10-4	11-5	1+5	4+2	14-10	0+4	5-1	6-2	12-8	14-10	4+0	14-10	5-4	14-10	15-11	2+2	8-1	10-3	11-8
11-8	12-6	2+4	14-8	6+0	10-6	11-7	13-9	7-3	14-10	7-3	8-4	15-11	10-6	1+3	0+4	11-7	14-7	5-2	13-10
3+0	8-2	5+1	7-1	9-3	8-2	3+1	6-5	4+0	10-6	6-2	12-8	2+2	9-5	3+1	8-4	0+1	11-4	6-3	9-6
9-6	2+1	10-4	15-9	12-6	5+1	2+4	14-10	2+2	15-11	8-7	5-1	10-6	12-8	5-1	4+0	13-9	12-5	12-9	4-1
8-5	15-12	3+0	9-3	6+0	3+3	11-5	13-7	7-3	6-2	5-1	13-9	15-11	9-8	6-2	7-3	14-10	2+1	14-11	0+3
12-9	4-1	11-8	1+2	6-3	1+5	4+2	0+6	11-5	10-4	8-4	12-8	13-9	2+2	10-6	0+4	1+3	15-12	8-5	12-9
0+3	7-4	5-2	10-7	14-11	13-10	5-2	4-1	14-8	13-7	15-9	7-1	4+0	11-7	9-5	3+1	3+0	1+2	7-4	10-7

Keys strawberry

1 – white red
2 – dark green
3 – white green
4 – red
5 – green
6 – dark red
7 – pink

Parrot

13-12	14-13	0+1	10-9	15-13	9-7	10-8	12-5	11-4	13-12	6-5	1-0	11-10	3-2	4-3	12-11	4-3	12-11	14-13	3-2
8-7	5-4	1-0	1+1	7-5	6-4	3-1	5-3	14-7	15-8	8-7	1+0	15-14	2-1	7-6	11-10	15-14	13-12	6-5	8-7
6-5	3+1	0+4	14-12	11-9	0+2	4-2	13-11	8-1	1+6	0+7	5-4	2-1	3-2	4-3	12-11	1-0	5-4	7-6	11-10
9-8	9-5	12-10	2+0	10-5	12-7	8-6	14-12	9-2	3+4	4+3	10-9	14-13	11-10	12-11	0+1	7-6	14-13	1+0	9-8
1+0	11-9	0+2	15-13	11-5	15-10	7-5	6-4	10-3	5+2	14-7	14-13	14-13	8-7	15-14	4-3	1-0	8-7	10-9	2-1
0+1	4-2	12-10	3-1	10-8	1+1	9-7	13-6	6+1	3+4	4+3	0+1	9-8	1+0	1-0	3-2	10-9	15-14	5-4	0+1
1+0	14-12	5-3	8-6	2+0	13-11	2+5	7+0	15-13	7-5	1+1	9-8	6-5	5-4	2-1	1+0	13-12	0+1	13-12	6-5
1-0	7-5	1+1	15-13	11-9	9-7	10-8	2+0	14-12	12-5	11-4	8-1	10-3	7-6	9-8	8-7	5-4	10-9	2+7	0+9
2-1	14-5	12-3	6-4	0+2	3-1	4-2	12-10	9-2	2+1	0+3	15-8	8-5	4-1	6-3	13-12	6-5	9+0	4+5	6+3
8-7	9+0	13-4	8+1	15-6	5-3	13-11	8-6	6+1	13-6	15-12	10-7	7+0	4+3	12-5	11-4	12-3	15-6	5+4	3+6
10-9	5+4	7+2	10-1	1+8	0+9	13-5	12-4	0+7	1+2	1+6	5-2	13-10	9-6	3+0	15-8	9-2	1+8	7+2	7+1
9-8	6+3	13-4	14-5	11-2	4+5	9-1	15-7	2+5	3+0	7-4	3+4	15-12	8-5	10-7	4-1	6-3	8+1	0+8	4+4
5-4	2+7	3+6	11-2	1+8	10-1	12-3	10-2	5+2	11-8	14-11	1+2	4+3	7-4	5-2	13-10	11-8	12-9	6+2	10-9
11-10	13-12	8+1	15-6	0+9	4+5	7+2	9+0	14-6	3+4	12-9	0+3	2+1	14-7	8-1	13-6	1+6	0+7	5+3	0+1
12-11	14-13	6-5	5+4	6+3	13-4	8+1	4+5	3+6	11-3	10-3	6+1	7+0	2+5	4+3	3+4	5+2	4+3	3+4	1-0
7-6	1-0	14-13	8-7	2+7	1+8	9+0	12-3	10-1	0+9	7+2	14-5	2+7	3+6	11-2	3-2	1+0	2-1	9-8	4-3
4-3	13-12	6-5	10-9	4-3	15-14	11-2	14-5	15-6	5+4	6+3	13-4	10-1	12-11	5-4	15-14	13-12	6-5	8-7	1+0
9-8	0+1	7-6	1+0	11-10	3-2	2-1	13-7	10-9	0+1	15-9	2-1	7-6	13-12	1-0	11-10	14-13	2-1	3-2	11-10
15-14	3-2	5-4	2-1	12-11	14-8	10-4	1+0	9-8	7-1	3-2	15-14	14-13	5-4	8-7	12-11	10-9	4-3	15-14	7-6
15-5	14-4	12-2	9+1	6+4	13-3	11-1	9-3	8-2	4+6	4-3	11-10	6-5	9-8	0+1	7-6	1-0	12-11	13-12	14-13

Keys parrot

1 – white green	6 – black
2 – beige	7 – turquoise
3 – blue	8 – dark red
4 – yellow	9 – lilac
5 – white	10 – green

White mouse

1x1	6-5	1x2	9-8	8:8	1-0	1x4	16:4	20:5	7-3	14-10	15-14	11-10	4:4	5-4	9:9	3-2	7:7	15-14	5:5
2:2	13-12	14-13	0+1	3:3	3-2	6-2	8:2	2+1	6:2	0+3	24:6	5:5	7-6	1x2	10-9	2-1	1x4	11-10	13-12
8-7	1x3	10-9	9:9	1+0	7:7	5-1	1+2	12:2	10-4	9:3	10-6	12-11	2:2	6-5	9-8	10:10	4-3	1x1	4:4
5-4	8:2	1+3	12:3	6:6	2-1	12-8	11-5	13-7	24:4	3+0	12:3	13-12	14-13	1x3	0+1	3:3	6:6	1x5	7-6
10:10	3+1	21:7	8-5	16:4	4-3	28:7	12:4	18:3	12:3	2+2	3+1	1+3	8:2	8-7	8:8	1+0	1-0	12-11	2:2
0+4	24:8	15-9	42:7	10-7	4+0	1x5	15-11	15:5	15-12	18:6	13-10	2+1	6:2	16:4	0+4	24:6	14-12	6:3	14-7
24:6	7-4	30:5	8-2	36:6	14-8	11-7	11-8	4-1	5-2	6-3	14:2	4:2	9:3	3+0	1+2	15:5	15-13	7-5	10:5
32:8	9-5	37:9	48:8	7-1	36:9	3x1	14-11	9-6	12-5	1+1	21:7	12-9	0+3	12:4	15-12	21:7	8:4	12:6	9-7
1x1	2x2	8-4	4x1	13-9	12-9	9:3	0+3	6:2	2+1	8-5	10-7	27:9	18:6	8-5	10-7	24:8	7-4	4+0	14-13
11-10	4-3	1-0	2-1	8:8	8:2	3+0	1+2	12:4	9-3	2x3	7-4	12-9	3x1	27:9	11-8	6:2	32:8	9-5	1x3
1x5	3-2	6:6	3:3	0+1	3+1	15-12	18:6	15:5	54:9	12-6	6-3	5-2	14-11	9:3	1+2	2x2	11-7	6-5	8-7
15-14	7:7	1+0	9:9	9-8	28:7	5-1	11-8	3x1	24:8	13-10	9-6	6-3	9-6	2+1	4x1	8-4	1x2	10:10	9-8
1x4	3+1	12:3	8:2	2:2	13-12	8:2	10-6	5-2	4-1	14-11	4-1	13-10	12-8	36:9	10-9	5-4	13-9	0+1	8:8
0+4	1+3	1x2	5-4	1x3	12-8	10-9	10:10	12:3	10-6	2+2	12:3	15-11	6:6	1-0	9:9	1+0	28:7	5-1	8:2
24:6	8-7	14-13	16:4	4+0	13-9	14-10	24:6	10-5	10:2	9-4	20:4	6-1	40:8	6-2	16:4	20:5	14-10	24:6	7-3
32:8	6-5	7-6	9-5	2x2	36:9	3:3	10:10	15:3	3x2	12-7	14-9	35:7	8-3	2-1	3-2	7:7	3:3	1x4	4-3
11-7	4x1	1x5	4-3	7:7	2-1	9-8	1-0	30:6	13-8	25:5	12:2	7-2	45:9	15-10	1x5	1x1	15-14	11-10	5:5
1x1	8-4	6-2	1x4	3-2	9:9	8:8	11-6	10:2	4+1	1+4	5x1	15:3	20:4	10-5	12-7	2:2	12-11	13-12	14-13
12-11	11-10	7-3	16:4	0+1	6:6	1+0	25:5	2+3	5+1	5+0	30:6	0+5	13-7	10:2	9-4	6-5	4:4	1x3	8-7
4:4	5:5	15-14	20:5	12:3	2+2	15-11	7-2	35:7	3+2	25:5	13-8	6-1	15:3	20:4	14-9	5-4	7-6	1x2	10-9

Keys white mouse

1 – green	4 – gray
2 – black	5 – red
3 – white	6 – pink

Christmas tree

1+1	13-12	1x3	6-5	1x2	3-2	1x1	7-6	4:4	11-5	13-12	2:2	1x3	10:10	0+1	9-8	9:9	15-14	1x5	4-3
4:2	14-12	15-13	8-7	5-4	1x4	11-10	5:5	12-11	8:2	3+1	14-13	8-7	1x2	14:7	8:8	1+0	1x4	3-2	10-8
2:2	6:3	14-13	10-9	7:7	4-3	1x5	15-14	12:3	1+3	12:2	6-5	10-9	6-4	5-4	16:8	3:3	6:6	1-0	7:7
7-5	10:10	8:4	13-12	2:2	14-13	6-5	1x3	2+1	16:4	12-5	10-5	1-0	6:6	11-9	2-1	7:7	1+0	3:3	2-1
10:5	9-8	1+0	1x5	8-7	1x2	5-4	14-5	6:2	29:6	0+4	9-5	1x4	4-3	3-2	1x5	15-14	0+1	9:9	8:8
6:6	9:9	1-0	3:3	10-9	9-8	9:9	10:10	13-7	4+0	32:8	11-9	13-12	14-13	2:2	5:5	12-11	7-6	9-8	10:10
2-1	0+1	3-2	7:7	0+1	8:8	9-7	1+2	14:2	11-7	18:3	2x2	10:2	6-5	1x3	11-10	7-6	4:4	10-9	18:9
4-3	8:8	1x4	15-14	1+0	3+0	12:4	9:3	0+3	13-5	8-4	13-9	36:9	10-4	1x2	1x1	4:4	12-11	5-4	1x2
5:5	1x1	11-10	12-11	6:6	1-0	18:2	8-5	18:9	28:7	14-7	4x1	12-8	8-7	5-4	7-6	10-9	5:5	1x3	8-7
7-6	3:3	4:4	2-1	10-7	18:6	15:5	15-12	16:2	8:2	5-1	6-2	16:4	7-3	20:5	5:5	12-11	11-10	6-5	2:2
1x1	5:5	4-3	12-11	11-10	21:3	21:7	24:6	15-11	14-10	24:4	12:3	0+2	12-7	1x1	11-10	4:4	1x1	13-12	14-13
3-2	1x4	15-14	1x5	3x1	27:9	7-4	12-9	24:8	2+2	10-6	8:2	12:3	3+1	16:4	1x5	15-14	1x4	4-3	3:3
12:6	1-0	3:3	2-1	7:7	4-1	11-8	13-4	15-7	11-4	6-2	1+3	3-1	0+4	9-5	11-7	3-2	7:7	1-0	2-1
8:8	1+0	6:6	6-3	6:2	2+1	4x1	13-9	5-1	8:2	16:4	24:6	4+0	32:8	15:3	0+1	9:9	1+0	6:6	8:8
0+1	10:10	9-8	9:9	9-6	2+0	5-2	24:3	36:9	12-8	28:7	15-9	2x2	8-4	9-4	4x1	13-9	10:10	1x2	9-8
5-4	10-9	14-11	0+3	9:3	13-10	1+2	28:4	12:4	12-4	8-4	10-6	14-10	7-3	16:4	1x2	2:2	10-9	8-7	5-4
8-7	1x2	14-13	27:3	15:5	3+0	12:3	30:5	4+0	32:4	2x2	15-8	2+2	20:5	35:5	24:6	20:4	36:6	6-5	1x3
1x3	18:6	10-7	21:7	8-5	3+1	9-1	15-12	40:5	2x1	32:8	7-3	15-11	15-11	12:3	2+2	8:2	12-8	36:9	14-13
2:2	6-5	8-1	7-4	37:9	48:6	24:8	10-2	0+4	24:6	11-7	14-10	24:6	10-6	14-8	12:3	4-2	14-9	4:4	13-12
13-12	11-8	3x1	12-9	18:9	8:2	1+3	16:4	10-8	16:8	9-5	20:5	12:3	8:2	3+1	0+2	6-2	5-1	28:7	7-6

Keys Christmas tree

1 – white blue   5 – black
2 – turquoise   6 – yellow
3 – light green   8 – green
4 – blue green   9 – white green

Christmas bells

13-12	2:2	1x3	1-0	3:3	2-1	7:7	6:3	3-2	1x4	15-14	7-6	1x3	8-7	1x2	10-9	9:9	0+1	8:8	1-0
6-5	14-13	8-7	1+1	14-12	4:2	15-13	11-5	8:4	4-3	11-10	1x1	14-13	6-5	5-4	10:5	9-8	10:10	1+0	6:6
5-4	10-9	1x2	7-5	48:8	8-2	7-1	30:5	18:9	1x5	5:5	13-62	2:2	8-6	7-5	10-4	9-7	6-4	3:3	2-1
9-8	10:10	9:9	10:5	54:9	9-3	14-8	42:7	12:2	0+2	18:9	12-11	13-11	8-2	54:9	1+5	3x2	12:6	3-2	7:7
8:8	0+1	9-7	13-7	2x3	36:6	12-6	3x2	18:3	2+0	4:4	2x1	24:4	48:8	5+1	2x3	13-7	15-9	15-13	1x4
6-4	6:6	1+0	12:6	10-4	24:4	8:2	0+4	24:6	3+1	8-4	13-9	12-8	9-3	12:2	18:3	12-6	8:4	4-3	15-14
10-8	16:8	14:7	15-9	11-9	4+0	13-5	15-7	14-5	12:3	32:4	11-3	18:2	5-1	36:6	7-1	42:7	4:2	11-10	5:5
3-1	36:6	42:7	4+2	24:4	9-5	12-4	16:2	9-1	1+3	48:6	56:7	7+1	6-2	14-8	30:5	1+1	14-12	6:3	1x5
1x2	3+3	11-5	13-7	30:5	32:8	40:5	10-2	24:3	16:4	14-6	64:8	72:9	16:4	37:9	3x1	12-9	1x1	4:4	12-11
4-2	0+6	18:3	12:2	2+4	5+1	2x2	11-7	36:9	28:7	4x1	7-3	20:5	13-6	56:8	6+1	63:9	11-8	5-2	13-12
12-10	5-3	1+5	18:3	6+0	13-7	12:2	8:2	1+7	4:2	13-4	14-10	21:3	1+6	7x1	14:2	7+0	28:4	2+5	13-10
1-0	3:3	2+1	6:2	9:3	1+2	0+3	24:6	16:2	2x4	4+4	15-11	5+2	0+7	35:5	3+4	42:6	4-1	6-3	8-3
6:6	12:4	12-5	21:3	11-4	15-8	14:2	2+2	8x1	6+2	8+0	10-6	49:7	4+3	56:8	11-2	8-5	45:9	5x1	15-10
18:6	10-5	3+0	15:5	14-7	28:4	35:5	8-1	12:3	8:2	12:3	3+1	3+4	4+3	3+4	9:3	45:5	10:2	11-6	10-7
21:7	10:2	12-7	9-4	15-12	27:3	42:6	9-2	10-3	13-10	2:2	14-13	6:2	63:9	1+2	20:4	15:3	12-3	4+1	7-4
1+0	10-7	15:3	20:4	10-1	8-5	49:7	12-5	14-7	14-11	6-5	1x3	0+3	14:2	12:4	25:5	5+0	1+4	24:8	1x2
2-1	24:8	35:7	36:4	7-2	40:8	7-4	21:3	9-6	1x2	8-7	5-4	10-9	15:5	30:6	0+5	21:7	18:6	8-7	8:8
7:7	3-2	27:9	30:6	6-1	13-8	12-9	11-4	2+1	8:8	10:10	9-8	1+0	6:6	3+0	15-12	4:4	14-13	6-5	1x3
1x4	4-3	1x5	3x1	11-8	25:5	14-9	6-3	2-1	3:3	1-0	9:9	7:7	15-14	1x1	5:5	7-6	5-4	10:10	0+1
1x1	15-14	11-10	5:5	12-11	4-1	5-2	4:4	4-3	1x4	0+1	3-2	1x5	11-10	12-11	13-12	2:2	10-9	9-8	9:9

Keys Christmas bells

1 – white	6 – green
2 – dark green	7 – yellow
3 – brown	8 – red
4 – dark red	9 – white
5 – orange	

Pig

10-6	3+1	12:3	0+4	16:4	6-2	28:7	5-1	8:2	11-7	12:3	12:3	1+3	9-5	32:8	8:2	8-4	12-8	5-1	8:2
8:2	12:3	2+2	1+3	13-9	36:9	12-8	4x1	8-4	9-5	24:6	4+0	24:6	16:4	0+4	3+1	11-7	4x1	13-9	36:9
28:7	13-9	36:9	1+1	14-12	20:5	16:4	7-3	14-10	2x2	32:8	10-6	2+2	15-11	10:5	16:8	2x2	28:7	6-2	7-3
5-1	12-8	2+1	13-7	3x2	4:2	4+0	7-4	12-9	8:4	14:7	7-5	24:6	27:9	12-6	2x3	10-8	16:4	14-10	20:5
20:5	8:2	6:2	5+1	18:3	6:3	15-13	24:3	32:4	0+8	8x1	10-2	3x1	11-8	54:9	12:2	18:9	24:6	12-8	28:7
24:6	6-2	7-3	1+2	9:3	13-5	15-7	16:2	12-4	11-5	18:3	1+7	48:6	11-3	0+2	18:9	12:3	15-11	13-9	5-1
15-11	16:4	14-10	12:4	36:6	13-7	1+0	42:6	10-4	12:2	24:4	12-11	7x1	14-6	8+0	2x1	2+2	10-6	8-4	36:9
8-4	2x2	0+3	54:9	48:8	7-1	4:4	9-2	14-8	15-9	30:5	1x5	21:3	2x4	16:2	4+4	4-2	4x1	9-5	11-7
4x1	4+0	15:5	9-3	12:2	42:7	8-2	9-1	40:5	64:8	7+1	56:7	9-3	64:8	7+1	4:2	12-10	32:8	0+4	2x2
11-7	32:8	18:6	1+5	13-7	2x3	5+1	9-7	12:6	6-4	11-9	2+0	72:9	1+7	72:9	2x4	8-6	4+0	1+3	24:6
1+3	9-5	15-12	6+0	18:3	12-6	8-5	4:2	48:6	8+0	11-3	4+4	3-1	12-4	32:4	9-1	13-11	3+1	12:3	16:4
24:6	0+4	3+0	3x2	2+4	24:4	21:7	14-6	7-6	16:2	5:5	0+8	1x2	6+2	15-7	24:3	6:3	8:2	15:3	20:4
16:4	3+1	8:2	10-7	30:5	0+6	7-4	24:3	56:7	8x1	40:5	10-2	5-3	16:2	32:4	8-4	13-8	9-4	25:5	14-9
12:3	15-10	10-5	24:8	4+2	3+3	36:6	27:9	12-9	11-8	6-3	13-10	11-5	2+6	13-5	7-5	30:6	7-2	6-1	35:7
20:4	10:2	15:3	12-7	3x1	42:7	30:5	42:7	13-7	7-1	12:2	15-9	10-4	5+3	8-5	8-3	45:9	40:8	15-10	5x1
13-8	9-4	14-9	25:5	4-1	14-8	5-2	1+1	8-2	18:3	24:4	12:4	9:3	48:6	21:7	5+0	30:6	12-7	20:4	1+4
40:8	30:6	35:7	8-3	14-11	36:6	40:5	14-12	0+3	15:5	3+0	15-12	48:8	3+5	4:2	35:7	3+2	25:5	0+5	2+3
45:9	6-1	7-2	4+1	2+1	1+2	6:2	9-6	5+0	25:5	10-5	18:6	10-7	24:8	15-13	11-6	4+1	10:2	15:3	3+2
14-5	13-4	10-1	1+4	20:4	10:2	11-6	5x1	15:3	63:7	10:2	3+2	35:7	2+3	30:6	0+5	27:3	4+5	7+2	45:5
36:4	12-3	18:2	11-2	27:3	45:5	15-6	54:6	72:8	8+1	9+0	3x3	9x1	81:9	1+8	0+9	18:2	5+4	6+3	36:4

Keys pig

1 – black   6 – light pink

2 – red   7 – white

3 – brown   8 – pink

4 – blue   9 – beige

5 – yellow

Butterfly

2+1	9:3	12:4	3+0	4-1	6-3	13-10	2+1	15:5	15-12	0+3	14-11	5-2	4-1	7-4	12:4	15:5	2+1	6:2	1+2
15-12	6:2	0+3	3x1	11-8	5-2	14-11	6:2	8-5	18:6	1+2	27:9	12-9	3x1	24:8	3+0	15-12	0+3	14-11	9-6
15:5	8-5	1+2	18:6	7-2	35:7	6-1	9-6	21:7	10-7	9:3	9-6	11-8	27:9	35:5	42:6	9:3	13-10	12:4	6-3
10-7	21:7	0+5	30:6	10:2	9-4	14-9	40:8	8-3	24:8	12:4	21:7	10-7	28:4	15-8	4+0	8-1	8-5	3+0	15-12
27:9	7-4	2+3	1+1	40:5	14-6	56:7	14-12	45:9	15-10	3+0	7-4	6-3	11-4	1+3	24:6	21:3	6:2	15:5	18:6
24:8	9-4	10:2	9-1	10-5	12-7	25:5	64:8	5x1	10:2	12-9	4-1	14:2	16:4	0+6	2+4	0+4	9-2	0+3	1+2
12-9	14-9	25:5	10-2	20:4	15:3	13-8	7+1	11-6	4+1	11-8	13-10	14-7	3+1	30:5	36:6	12:3	49:7	2+1	9:3
7-5	13-8	20:4	4:2	11-3	48:6	2x4	6:3	20:4	9-6	5-2	12-5	8:2	48:8	9-3	54:9	2x3	8-4	7x1	18:6
12:6	2+1	15:3	12-7	15:3	1+4	5+0	25:5	30:6	9:3	3x1	10-3	9-5	1+5	6-5	12-6	18:3	4x1	14:2	7-4
11-9	10-8	1+2	12:4	35:7	3+2	10-5	15-12	18:6	3+0	2x1	56:8	32:8	24:4	3x2	6+0	12-8	28:7	1+6	24:8
6:2	0+2	18:9	15:5	0+3	8-5	10-7	21:7	24:8	18:9	3-1	13-6	11-7	7-1	42:7	8-2	2x2	6+1	8-5	10-7
7-4	27:9	16:8	6-4	15-13	8-4	10:5	9-7	14:7	2+0	13-12	63:9	11-5	36:9	12:2	5+1	13-9	21:3	0+7	21:7
13-10	4-1	12-9	3x1	5-2	63:9	7x1	6+1	13-6	10-3	49:7	7+0	12:2	13-7	5-1	13-7	8:2	7-3	16:4	2+5
6-3	11-8	42:6	5+2	56:8	10-6	3+1	14-10	7-3	8:2	14-8	24:4	2:2	10-4	15-9	6-2	20:5	14-10	15-11	63:9
14-11	3+4	1+3	24:6	9-5	0+4	10-4	15-9	30:5	36:6	10-6	36:6	18:3	28:4	35:5	42:6	3+4	24:6	12:3	12-5
56:8	15-11	12:3	11-5	13-7	18:3	24:4	14-13	12:2	14-8	42:7	2+2	30:5	5+2	4+0	9-5	56:8	4+3	3+4	14:2
1+2	4+3	49:7	8:2	12:3	16:4	2+2	3+3	24:6	20:5	5-1	4+2	32:8	49:7	4+3	14-7	3+1	16:4	27:9	12-9
9:3	12:4	0+3	4+3	0+7	21:3	16:4	6-2	7+0	14:2	21:3	13-9	8-4	36:9	11-7	11-4	0+4	24:6	12:3	11-8
15-12	24:8	7-4	27:9	12-9	10-7	28:4	35:5	2+5	9-6	1+6	28:7	2x2	12-8	4x1	15-8	3x1	1+3	8:2	5-2
8-5	3x1	5-2	4-1	11-8	21:7	15:5	18:6	3+0	6:2	2+1	28:4	42:6	9-2	35:5	8-1	4-1	6-3	14-11	13-10

Keys butterfly

1 – white   5 – red
2 – dark gray   6 – purple
3 – green   7 – yellow green
4 – violet   8 – pink

Duckling

6:2	0+3	1+2	13-12	20:4	2:2	6-5	24:8	3x1	4-1	6-3	14-11	1+2	15:5	18:6	2+1	25:5	30:6	5:5	13-8
10-7	9:3	14-9	20:4	9-4	15-12	18:6	8-5	27:9	11-8	5-2	9-6	9:3	8-5	15-12	12:4	11-10	6-1	35:7	7-4
24:8	2+1	15:3	14-13	12:4	3+0	21:7	8:2	12:3	24:6	1+1	13-10	3+0	6:2	21:7	0+3	7-2	40:8	10-7	27:9
3x1	27:9	12-7	1x3	15:5	8-5	16:4	3+1	0+4	9-5	4+0	14-12	21:7	10-7	12-9	7-4	8-3	12-11	5-2	14-11
11-8	12-9	8-7	15:3	48:8	2x3	32:8	8-1	1+3	11-7	8-4	2x2	6:3	2+1	6:2	15-10	45:9	24:8	6-3	9-6
4-1	5-2	1+4	5-4	7-4	9-3	13-9	4x1	8:2	16:4	1+3	6-2	8:4	0+3	15-12	11-6	4:4	12-9	15-12	13-10
13-10	6-3	20:4	1x2	2+1	12-8	36:9	20:5	3+1	12:3	0+4	16:4	10:5	12:4	18:6	4+1	5x1	7-6	18:6	8-5
9-6	14-11	5+0	25:5	0+5	6:2	28:7	14-10	15-11	24:6	7-3	7-5	9-6	15:5	3+0	14-11	10:2	15:3	1+4	3x1
1+2	0+3	15:5	10-9	2+3	25:5	9:3	5-1	8:2	4:2	15-13	11-8	13-10	1+2	9:3	5-2	4-1	2:2	0+5	11-8
18:6	8-5	21:7	12:4	10:10	3+2	3+0	15-12	12:3	2+2	10-6	2+2	10-6	3x1	6-3	3+1	8:2	20:4	30:6	4-1
10-7	24:8	9-8	30:6	35:7	7-4	27:9	8:2	28:7	9-7	12:3	4+0	24:6	32:8	12:6	0+4	12:3	5+0	9-8	3+0
4-1	5-2	5x1	9:9	3x1	12-9	11-8	12-8	5-1	6-4	15-11	1+3	2x2	8-4	11-7	9-5	16:4	25:5	1+0	12:4
9-6	2+1	11-6	6:6	6-3	13-10	14-11	4x1	36:9	13-9	16:8	8-4	10-8	11-9	14:7	24:6	9:3	2+3	9:9	15:5
6:2	1+2	10:2	4+1	1+0	9:3	12:4	3+0	11-7	9-5	24:6	18:9	18:9	0+2	20:5	14-10	12:4	35:7	3+2	9:3
15:5	15-12	0+3	2-1	45:9	15-10	18:6	8-5	21:7	32:8	4+0	2x2	6-2	16:4	7-3	15:5	15-12	10:10	10:2	0+3
12-9	24:8	10-7	8:8	0+1	8-3	4-1	5-2	6-3	13-10	3x2	0+3	12:2	18:6	24:8	12-9	21:7	9-4	1x2	6:2
3x1	7-4	20:4	7-2	35:7	40:8	14-11	9-6	12-6	5+1	1+2	18:3	1+5	10-7	27:9	7-4	8-5	20:4	6-5	1+2
11-8	27:9	13-8	30:6	14-9	25:5	6-1	2+1	6:2	13-7	6+0	30:5	3+0	15:3	6-1	35:7	7-2	30:6	14-9	5-2
12-7	15:3	1-0	3:3	9-4	1x5	15-14	11-10	12-11	1x4	7:7	1-0	8:8	3:3	25:5	13-8	13-12	14-13	1x3	12-7
1x4	3-2	7:7	10-5	4-3	10:2	1x1	5:5	1x5	4-3	3-2	6:6	2-1	0+1	15-14	1x1	10-5	8-7	5-4	10-9

Keys duckling

1 – light green   5 – green
2 – yellow   6 – orange
3 – white blue   7 – black
4 – light yellow

Penguin

1+1	6:3	15-13	16:8	11-9	14:7	6-4	12:6	1+1	4:2	1+1	14-12	6:3	15-13	9-7	10:5	11-9	16:8	10-8	18:9
4:2	14-12	8:4	18:9	2+0	2x1	10-8	9-7	14-12	8-6	4:2	12-5	14-7	8:4	7-5	12:6	3-1	4:2	2+0	0+2
10:5	7-5	9-7	5-3	13-11	12-10	18:9	10:5	6:3	10-5	9-4	14:2	21:3	28:4	9-2	6-4	5-3	6-4	14:7	8-6
12:6	18:9	16:8	1x2	4-2	3-1	0+2	7-5	10:2	15:3	20:4	30:6	11-4	15-8	49:7	14:7	12-10	9-7	12:6	10:5
6-4	2x1	10-8	13-11	8-6	15-13	8:4	12-7	24:3	13-11	14-9	35:7	7-2	35:5	10-3	63:9	13-11	15-13	8:4	7-5
14:7	3-1	18:9	5-3	4-2	7-6	5-4	9-6	1+2	25:5	6-1	8-3	45:9	8-1	56:8	6+1	1x2	6:3	14-12	4:2
11-9	2+0	0+2	1x2	12-10	1x2	10-9	9-8	9:3	13-8	48:6	8-6	40:8	42:6	13-6	7x1	18:9	8:2	1+1	2x1
11-5	10-4	24:4	15-9	30:5	11-6	10:2	9:9	0+1	6:6	15-10	5x1	1+6	14:2	7+0	21:3	12:3	3+1	4+2	36:6
14-8	12:2	13-7	1+5	54:9	4+1	5+0	2+3	35:7	12-7	30:6	0+7	28:4	2+5	35:5	3+4	1+3	42:7	11-5	12:2
36:6	6+0	13-7	18:3	63:9	3+4	25:5	3+2	10:2	15:3	0+5	15:3	42:6	5+2	49:7	16:4	24:6	3+3	24:4	13-7
7-1	2+4	36:6	18:3	12-5	14:2	21:3	11-4	15-8	1+4	20:4	4+3	56:8	4+3	0+4	9-5	6-2	16:4	30:5	14-8
42:7	24:4	0+6	30:5	2x3	14-7	28:4	35:5	8-1	10-3	12-5	14:2	14-7	21:3	4+0	32:8	7-3	20:5	18:3	15-9
8-2	8:2	12:2	5+1	12-6	10-5	14-9	42:6	9-2	3+4	13-6	7+0	21:3	7x1	15-8	11-7	14-10	24:6	2x2	10-4
48:8	3+1	12:3	3x2	9-4	25:5	0+5	15-10	49:7	11-4	63:9	28:4	0+7	1+6	35:5	63:9	8:2	16:4	1+3	15-11
9-3	1+3	16:4	0+4	20:4	35:7	3+2	5x1	11-6	28:4	6+1	2+5	35:5	14:2	8-1	4+3	3+1	0+4	9-5	12:3
4+0	24:6	9-5	32:8	11-7	30:6	2+3	10:2	4+1	35:7	9-2	10-3	56:8	49:7	42:6	56:8	12:3	24:6	32:8	2+2
5-1	8:2	8-4	3:3	2x2	20:4	5+0	15:3	1+4	6-1	4+3	49:7	5+2	42:6	3+4	1+6	13-6	56:8	8-4	4x1
7-3	14-10	4x1	2-1	3-2	4-3	7:7	25:5	13-8	7-2	40:8	0+7	28:4	2+5	35:5	7x1	63:9	13-9	5-1	8:2
20:5	24:6	13-9	0+3	1x4	15-14	11-10	1x5	5:5	30:6	8-3	45:9	21:3	7+0	14:2	6+1	36:9	10-6	11-7	4x1
6-2	16:4	36:9	12-8	28:7	12:4	15:5	15-12	12-11	4:4	1x1	15-11	12:3	2+2	10-6	12-8	28:7	4+0	8-4	2x2

Keys penguin

1 – red gray	5 – light blue
2 – white	6 – gray blue
3 – beige	7 – dark gray
4 – blue	8 – black

Red pattern

13-5	16:2	24:3	12-4	32:4	40:4	60:6	9+1	40:5	5+3	48:6	50:5	13-3	40:5	10-2	1+7	2x4	72:9	14-6	56:7
9-1	15-7	40:5	10-2	14-4	12-2	13-3	50:5	6+4	2+6	32:4	2+8	14-5	60:6	0+10	64:8	8+0	7+1	13-4	11-3
48:6	11-3	56:7	15-5	20:2	14-6	30:3	70:7	1+9	10+0	6+2	12-2	3+5	16:2	20:2	18:2	32:4	27:3	9-1	48:6
40:5	10-2	48:6	11-3	11-1	64:8	7+1	4+6	90:9	1x10	4+4	80:8	24:3	13-5	5+5	10-1	36:4	15-7	24:3	12-4
9-1	7+1	72:9	8x1	8+0	72:9	2x4	80:8	5x2	20:2	72:9	4+6	1+7	64:8	30:3	11-2	54:6	15-6	0+8	16:2
32:4	1+7	2x4	8+0	8x1	1+7	2x5	2+8	0+10	7+1	1+9	5x2	90:9	45:5	8+2	15-5	20:2	11-1	50:5	4:2
12-4	56:7	14-6	64:8	4:2	5+5	30:3	50:5	3+5	6+4	70:7	9+1	80:8	12-3	63:7	14-6	2x4	8+0	13-3	8x1
13-5	16:2	15-7	24:3	16:2	40:4	8+2	48:6	2+8	4+6	1+9	5x2	72:8	90:9	14-4	48:6	11-3	56:7	8+1	70:7
32:4	2+6	0+9	4+4	24:3	7+3	60:6	2x5	2+8	10+0	1x10	1+8	60:6	80:8	4+6	30:3	40:4	12-2	9+1	6+4
0+8	18:2	2+7	45:5	6+2	3+7	60:6	2+8	50:5	81:9	40:4	1+9	5x2	2+8	90:9	16:2	32:4	9-1	40:5	10-2
27:3	5+4	5+3	6+3	54:6	40:5	3+7	7+3	3x3	4+5	9+0	70:7	13-3	50:5	16:2	2x5	0+10	20:2	15-7	24:3
7+2	4:2	0+8	3+6	10-1	48:6	1x10	0+10	20:2	9x1	6+4	9+1	60:6	3+5	15-5	10+0	3+7	20:2	14-4	12-4
36:4	16:2	4+4	36:4	11-2	3+5	50:5	30:3	40:4	9+1	1+9	80:8	48:6	11-1	14-4	1x10	20:2	40:4	15-5	5+5
24:3	32:4	6+2	45:5	54:6	8+2	40:4	60:6	6+4	70:7	4+6	90:9	2x5	40:4	30:3	32:4	2+6	30:3	8+2	40:4
40:5	2+6	27:3	12-3	50:5	9+0	2+8	56:7	14-6	64:8	5+5	30:3	10+0	12-2	6+2	40:5	5+3	48:6	30:3	11-1
14-5	5+3	15-6	11-1	81:9	13-3	36:4	2+7	45:5	6+3	7+1	72:9	8+0	4:2	16:2	8+0	2+8	7+3	60:6	12-4
18:2	15-5	14-4	1+8	12-2	7+2	54:6	3+6	18:2	27:3	14-5	2x4	16:2	8x1	4+4	24:3	3+5	50:5	32:4	9-1
7+3	13-4	72:8	20:2	5+4	27:3	15-7	10-2	48:6	11-3	10-1	36:4	4+4	32:4	2+6	0+8	13-5	24:3	40:5	10-2
63:7	8+1	9x1	3+7	13-5	16:2	24:3	9-1	40:5	54:6	11-2	8x1	24:3	40:5	5+3	6+2	16:2	48:6	14-6	64:8
3x3	0+9	60:6	4+5	18:2	12-4	32:4	13-4	45:5	12-3	1+7	4:2	0+8	1+7	2x4	72:9	15-7	11-3	56:7	7+1

Keys red pattern

8 – green
9 – black
10 – red

Tulips

20:5	14-10	24:6	15-11	7-3	16:4	6-2	8:2	5-1	12-8	28:7	36:9	13-9	8-4	4x1	2x2	4+0	9-5	32:8	11-7
2+1	12:4	15:5	3+0	15-12	2+1	6:2	1+2	0+3	12:4	27:9	12-9	3x1	11-8	2+1	0+3	15:5	15-12	18:6	8-5
0+3	6:2	1+2	9:3	8:4	6-4	4-2	9:3	15:5	15-12	7-4	4-1	6-3	28:7	6:2	12:4	15-12	8-5	21:7	12-9
8-5	18:6	16:8	1+1	15-13	10:5	2+0	1+1	4:2	18:6	24:8	5-2	36:9	12-8	1+2	3+0	15:5	18:6	3+0	3x1
10-7	10-8	18:9	13-12	12-9	3x1	4-1	14-13	14-12	3+0	10-7	8-4	4x1	13-9	9:3	24:6	15-11	12:3	21:7	11-8
7-4	2x1	3-1	21:7	4:2	9-7	1x2	13-10	6:3	8:4	21:7	11-7	2x2	9-6	16:4	7-3	14-10	9-6	10-7	16:8
27:9	18:9	0+2	24:8	14-12	12:6	5-3	9:3	7-5	9-7	8-5	32:8	14-11	8:2	6-2	20:5	6-3	2+1	24:8	10-8
14-11	9-6	12-10	2:2	11-8	5-2	6-3	6-5	14:7	11-9	1+3	13-10	16:4	4-1	5-2	13-10	14-11	6:2	7-4	1+2
2+1	9-6	13-11	8-6	6:3	14:7	15-13	12:6	6-4	14-11	24:6	9-5	4+0	5-1	2+2	10-6	8:2	9:3	27:9	0+3
8:2	6:2	1+2	5-2	7-5	11-9	10:5	3x1	9-6	12:3	0+4	13-10	6-3	5-2	4-1	11-8	10-7	3+1	16:4	12:4
3+1	12:3	13-10	14-11	9:3	6-3	4-1	11-8	8:2	3+1	6:2	1+2	2+1	9-7	14:7	16:8	24:8	7-4	12:3	1+3
0+3	0+4	16:4	24:6	12:3	2+2	10-6	15-11	12-9	27:9	7-4	13-11	8-6	1x2	12:6	6-4	11-9	10-8	27:9	0+4
12:4	1+3	3+0	9-5	15:5	8-5	21:7	7-4	12-9	11-8	18:9	2+0	1x3	0+3	12:4	15:5	5-4	0+2	12-9	24:6
18:9	18:6	4+0	15-12	6-2	16:4	20:5	27:9	3x1	4-1	3-1	4-2	15-12	2x1	14-12	15-13	8-5	1x2	4-2	3x1
0+2	5-2	32:8	11-7	2+1	7-3	24:6	5-1	10-7	24:8	5-3	12-10	18:6	1+1	6:3	8:4	21:7	13-11	8-6	6-3
6-3	13-10	2x2	8-4	4x1	6:2	14-10	8:2	28:7	27:9	12-9	4:2	8-7	24:8	3+0	10-7	1x2	14:7	11-9	13-10
1+2	14-11	9-6	13-9	36:9	9:3	21:7	12-9	3x1	27:9	7-4	7-5	10:5	18:9	2x1	5-3	6-4	18:9	14-11	9-6
15:5	3+0	12:4	0+3	12-8	15-12	10-7	11-8	9-6	11-8	5-2	3x1	4-1	2+0	3-1	12-10	0+3	15:5	18:6	9:3
21:7	10-7	8-5	18:6	24:8	7-4	24:8	4-1	13-10	14-11	6-3	11-8	5-2	2+1	6:2	1+2	12:4	8-5	15-12	3+0
32:8	8-4	13-9	12-8	36:9	24:6	11-7	0+4	2x2	4x1	16:4	9-5	1+3	4+0	12:3	3+1	12:3	2+2	10-6	8:2

Keys tulips

1 – black 3 – blue
2 – red 4 – green

Rose

13-12	5-4	10:10	1+0	2-1	15-14	1x1	11-10	4:4	7-6	8:4	7-5	18:9	10-9	10:10	9-8	0+2	1x2	4-2	18:9
10-9	2:2	14-13	6:6	1-0	3:3	12-11	2-1	4-3	1x4	5:5	15-14	1-0	10:5	5-4	12:6	2+0	2x1	12-10	5-3
9:9	6-5	9-8	7:7	3-2	1x5	5:5	7:7	1x5	3-2	1x1	11-10	3:3	8:8	9-7	13-12	2:2	14:7	11-9	3-1
8:8	1x3	0+1	1x4	4-3	8:2	16:4	1+3	9:9	0+1	8:2	12:3	1+0	6:6	12-11	13-12	7-6	14-13	16:8	10-8
2:2	8-7	13-12	14-13	4+0	3+1	1+2	2+1	0+4	11-7	15-12	3+1	16:4	9-5	4:4	6-5	1x3	2:2	8-7	6-4
8-7	1x2	6-5	1x3	24:6	9:3	12:3	9-5	32:8	2x2	18:6	8-5	1+3	32:8	14-13	0+4	6-5	1x3	1x2	4:4
9-8	5-4	10:10	8:2	12:4	36:9	0+3	6:2	8-4	13-9	4x1	24:8	7-4	2x2	4x1	24:6	11-7	8-4	5:5	12-11
9:9	10-9	1x2	6-2	16:4	12-8	24:6	3+0	15:5	21:7	10-7	27:9	4+0	3x1	14-10	24:6	12:3	15-11	11-10	1x1
0+1	8:8	1+0	20:5	7-3	11-8	15-11	13-9	36:9	12-8	6-2	28:7	12-9	5-1	20:5	14-11	9-6	10-6	4+0	7-6
6:6	13-9	8-5	21:7	14-10	28:7	12:3	4-1	5-2	13-10	6-3	16:4	7-3	8:2	0+3	2+2	13-9	8-4	32:8	10-9
1-0	36:9	12-8	27:9	3x1	5-1	2+2	36:9	16:4	20:5	9:3	3+0	15-12	18:6	15:5	1+3	4x1	2x2	11-7	5-4
3:3	28:7	5-1	8:2	12-9	11-8	10-6	5-1	6-2	7-3	8:2	28:7	12-8	12:4	12:3	16:4	9-5	24:6	10:10	9-8
7:7	2-1	24:6	2+2	7-3	24:8	4-1	6-3	14-11	13-10	5-2	7-4	10-7	8:2	3+1	0+4	1+2	9:9	0+1	1+0
4-3	1x5	15-11	12:3	20:5	3+1	24:6	0+4	9-5	10-6	6-2	4x1	9-6	2+1	6:2	9:3	8:8	15-14	1x4	6:6
1+1	3-2	1x4	1x1	14-10	12:3	11-7	2x2	32:8	20:5	16:4	2+1	14-10	6:2	1+2	3:3	4-3	1x5	7:7	2+2
4:2	14-12	6:3	15-14	5-4	1+3	4x1	4+0	8-4	16:4	1x1	12-11	1x5	24:6	15-11	1-0	2-1	3-2	10-6	3+1
15-13	8:4	10-8	16:8	10-9	9:9	8-7	2:2	10:5	9-7	15-14	4:4	11-10	18:9	12:3	8-7	1x2	1+3	16:4	0+4
11-10	11-9	18:9	0+2	7-5	1+0	2-1	1x3	14-13	13-12	1x2	13-11	8-6	5-3	7-6	2:2	24:6	11-7	32:8	14-12
5:5	4:4	7-6	6:6	8:8	3-2	1x4	9-8	6-5	12:6	4-2	1+1	4:2	12-10	14-13	6-5	9-5	2x2	8-4	6:3
12-11	10:10	0+1	3:3	1-0	7:7	4-3	1x2	6-4	14:7	2x1	3-1	5:5	2+0	13-12	1x3	8:2	12:3	4+0	15-13

Keys rose

1 – turquoise   3 – pink
2 – green   4 – red

Dark cat

6:2	2+1	12:4	21:7	8:2	5-2	13-10	6-3	4-1	11-8	3x1	0+4	4-1	6:2	18:6	6-3	14-11	9-6	2+1	13-10
1+2	1+3	3+0	12-9	12:3	3+1	2x2	8-4	4x1	9-5	11-7	32:8	5-2	2+1	4+0	9:3	0+3	6:2	1+2	5-2
8-5	9:3	16:4	7-4	13-9	12-5	7+1	6-2	7-3	21:3	72:9	28:7	6-3	24:6	8-5	15-12	7-4	24:8	12:4	4-1
10-7	0+3	15:5	3x1	36:9	2x4	8x1	16:4	20:5	8+0	4x2	5-1	13-10	1+2	21:7	18:6	27:9	12-9	3+0	11-8
5+1	15-12	24:8	27:9	12-8	14-10	15-11	1+1	24:6	2+2	12:3	8:2	14-11	9:3	10-7	8-5	21:7	10-7	15:5	18:6
2+1	18:6	8:2	11-8	6:2	10-6	16:4	4+0	9-5	32:8	24:6	0+3	12:4	12:3	3+0	7-4	27:9	3x1	12-9	15-12
1+2	3+1	4-1	0+3	12:4	3+0	0+4	15-11	2+2	7-3	8:2	15:5	15-12	9-6	1+3	8-5	21:7	24:8	10-7	15:5
9:3	5-2	15:5	12-9	21:7	27:9	21:7	24:6	10-6	16:4	5-1	36:9	15-11	12:3	13-9	24:8	2+1	9:3	0+3	6:2
12-6	6-3	15-12	10-7	24:8	7-4	10-7	14-10	12:3	6-2	28:7	13-9	24:6	2+2	36:9	12-8	9-6	1+2	12:4	3+0
3x2	12:2	18:6	3x1	8-5	11-8	24:8	20:5	8:2	12-8	4x1	8-4	14-10	10-6	28:7	5-1	3x1	11-8	5-2	13-10
6:2	13-10	8-5	7-4	27:9	3x1	12-9	12:3	1+3	16:4	0+4	24:6	20:5	8:2	8:2	6-2	16:4	4-1	6-3	14-11
9-6	11-8	14-11	3+0	15:5	4-1	2x2	4+0	2x2	11-7	32:8	9-5	7-3	3+1	7-3	20:5	14-10	7-4	27:9	12-9
1+2	9-6	13-10	15-12	18:6	11-7	8-4	4x1	10-5	12:3	10-6	3+1	8:2	2+2	15-11	24:6	15-10	4+1	20:4	11-6
2+1	5-2	14-11	0+3	12:4	9-4	15:3	12-7	10:2	1+3	12:3	45:9	8-3	40:8	7-2	35:7	5x1	15:3	1+4	10:2
9:3	6-3	13-8	30:6	6-1	6:2	2+1	14-11	32:8	12-9	3x1	3+0	15:5	15-12	11-8	14-11	9-6	1+2	6:2	2+1
20:4	14-9	25:5	9:3	0+3	1+2	9-6	11-7	27:9	11-8	16:4	24:6	9-5	0+4	3x1	4-1	13-10	3x1	27:9	9:3
12:4	3+0	18:6	2+1	6:2	9:3	2x2	24:8	14-11	9-6	4+0	4-1	5-2	36:9	12-9	5-2	6-3	11-8	12-9	0+3
8-2	15:5	8-5	12:4	1+2	15:5	8-4	7-4	8-5	21:7	14-11	13-10	6-3	12-8	27:9	15-12	10-7	24:8	7-4	12:4
54:9	3+3	15-12	18:6	0+3	15-12	4x1	13-9	0+3	12:4	9-6	9:3	28:7	8-5	7-4	3+0	18:6	21:7	8-5	15:5
2x3	9-3	48:8	2+1	6:2	1+2	21:7	10-7	5-1	16:4	6-2	8:2	18:6	21:7	10-7	24:8	4-1	5-2	6-3	13-10

Keys dark cat

2 – pink   6 – green

3 – gray turquoise   7 – white

4 – dark blue   8 – yellow

5 – brown

Beach umbrella

7-5	12:6	10:5	9-7	14:7	0+2	2+0	5-3	4-2	1x2	3-1	2x1	2+0	18:9	0+2	18:9	10-8	15-13	4:2	1+1
8:4	6-4	4:2	14-12	11-9	18:9	8:2	12-10	13-11	9-7	11-9	16:8	10-8	18:9	3-1	4-2	1x2	11-9	6:3	14-12
6-4	1+1	6:3	15-13	27:3	15-6	10-1	63:7	8+1	12:6	14:7	0+2	8:4	10:5	12:6	14-12	12-10	14-12	16:8	8:4
16:8	10-8	18:9	14-5	18:2	10-5	36:4	10:2	1+8	81:9	6-4	18:9	15-13	9-7	7-5	6:3	5-3	8:4	4:2	7-5
5-3	4-2	72:8	13-4	13-8	20:4	11-2	12-7	15:3	9+0	3x3	2+0	13-11	8-6	1+1	4:2	2x1	15-13	1+1	10:5
2x1	7+2	27:3	35:7	6-1	45:5	54:6	12-3	9-4	12-4	32:4	10-2	7+1	72:9	56:7	7-5	10:5	6:3	8-6	9-7
3-1	2+7	25:5	30:6	14-9	0+9	5+4	4:2	0+8	24:3	6+2	40:5	8x1	8+0	14-6	4:2	0+8	6-2	16:4	12:6
12-10	6+3	54:6	9x1	3+6	45:5	24:3	16:2	48:6	3+5	5+3	9-1	2x4	1+7	64:8	16:2	24:3	6+2	7-3	6-4
1x2	13-11	36:4	8-6	4+5	18:2	3+1	4+4	40:5	2+6	32:4	11-5	12:2	10-4	15-9	13-5	16:2	12-4	32:4	14:7
2+1	6:2	1+2	12:4	9:3	3+0	16:4	15-7	30:5	12:2	2x3	7-1	13-7	18:3	4+4	15-7	24:3	9-1	40:5	21:7
18:6	8-5	15:5	10-7	24:8	21:7	0+4	0+3	16:2	5+1	12-6	42:7	11-3	56:7	14-6	64:8	24:4	0+8	4+4	24:3
3x1	11-8	15-12	7-4	4-1	6-3	24:6	5-2	13-5	13-7	13-5	24:3	12-4	32:4	7+1	14-8	36:6	16:2	48:6	2+6
14-11	9-6	12-9	27:9	12:3	13-10	9-5	2+1	6:2	48:6	16:2	10-2	11-3	9-1	72:9	8-2	48:8	6+2	3+5	40:5
24:8	10-7	21:7	12-5	11-4	1+3	14:2	14-7	1+2	9:3	15-7	48:6	56:7	40:5	9-3	54:9	3x2	32:4	13-5	5+3
9-6	3+0	15:5	2+1	21:3	28:4	15-8	12:4	0+3	4+0	11-7	1+7	8+0	2x4	1+5	18:3	10-2	48:6	11-3	3+5
21:7	27:9	12-9	6:2	5-2	18:6	15:5	3+0	32:8	2x2	7-4	27:9	8x1	6+0	24:4	0+6	14-6	64:8	7+1	48:6
10-7	5-2	4-1	1+2	6-3	8-5	15-12	4x1	8-4	12-9	11-8	4-1	3x1	32:4	2+6	30:5	8+0	4:2	8x1	6:2
24:8	6-3	13-10	9:3	13-10	35:5	36:9	12-8	49:7	10-3	7+0	2+5	35:5	3+4	28:4	40:5	72:9	2x4	1+7	0+3
7-4	11-8	3x1	0+3	8-1	42:6	5-1	8:2	28:7	13-9	21:3	4+3	3+4	63:9	0+7	1+6	14:2	5+3	12:4	15:5
8-5	18:6	15-12	12:4	14-11	9-2	56:8	63:9	6+1	7x1	13-6	14-11	9-6	1+2	9:3	2+1	3+0	15-12	8-5	18:6

Keys beach umbrella

2 – light blue	6 – turquoise
3 – beige	7 – gray beige
4 – black	8 – blue
5 – yellow	9 – red

Blue flower

16:2	11-4	32:4	40:5	10-2	7+0	21:3	2+5	6+1	7x1	14:2	36:9	28:7	5-1	10:10	18:3	6+2	32:4	2+6	42:6
8-1	42:6	28:4	11-3	63:9	1+6	28:4	35:5	15:3	35:7	32:8	0+3	11-9	16:8	12-8	9-8	10-4	0+8	3+4	5+2
56:8	49:7	12-4	48:6	35:5	10-5	13-12	14-13	2:2	10-9	7-2	40:8	12:4	3+0	10-8	8:2	9:9	0+1	56:8	4+3
10-3	13-6	15-7	21:3	6-5	10:2	9-4	12-7	2+1	9:3	15:5	8-3	15-10	18:6	21:7	16:4	7-3	13-12	2:2	49:7
9-2	15-8	9-1	8-7	14-9	20:4	1+2	6:2	3+1	12:3	15-12	8-5	45:9	5x1	10-7	6-2	24:8	14-13	6-5	20:5
11-5	13-5	24:3	1x2	25:5	11-8	13-8	30:6	6-1	1+3	24:6	7-4	13-9	11-6	27:9	12-9	3x1	5-4	10-9	18:9
12:2	13-7	1+4	5-4	5-2	4-1	1+1	4:2	6:3	16:4	11-7	8-4	4x1	6-3	13-10	14-11	18:9	10:2	10:10	2+0
8:8	1+0	20:4	1x3	9-6	8:2	1+2	12:4	9:3	2x2	14-12	6:2	2+1	9:9	0+3	1x3	4+1	15:3	9-8	1x2
25:5	30:6	5+0	4+0	6:6	15:5	15-12	18:6	14-10	15-13	3+0	6:6	8:8	5+0	0+2	10-7	8-7	1x2	24:8	4-2
0+5	8:2	2+3	4-1	9-5	1-0	3:3	0+4	8:4	8-5	1-0	30:6	2+3	24:6	2x1	3-1	2+2	7-4	12-10	13-11
3+1	12:3	35:7	5-2	6-3	7-5	10:5	9-7	6-4	21:7	1+0	25:5	15-11	12:3	5-3	0+1	27:9	12-9	8-6	10-6
3x1	12-9	3+2	2-1	18:6	8-5	21:7	12:6	14:7	7-7	15:3	5-1	28:7	1+1	3:3	45:9	3x1	11-8	10-6	35:7
1+2	11-8	1+3	7:7	3-2	24:8	7-4	27:9	13-10	3-2	4+1	8:2	14-12	4:2	2-1	15-10	6:3	2+2	1x1	11-10
9:3	4-1	6-3	16:4	1x4	4-3	1x5	10-7	14-11	11-6	10:2	10:5	7-5	1x4	4-3	2+1	15-13	9-4	63:9	2x4
4+0	5-2	14-11	9-6	0+4	32:8	20:4	1+4	9-6	5x1	12:6	15-14	1x5	8-3	6-2	6:2	8:4	5-5	7-6	3+4
8-7	24:6	9-5	6:2	13-10	2x2	11-7	6-4	12-11	4:4	7-6	30:6	40:8	14-10	12:4	0+3	12:3	12-11	14-13	4+3
12-5	14-7	4x1	35:7	8-4	7-2	6-1	15-14	14-9	25:5	7-3	20:5	24:6	15:5	15-12	9-7	15:3	6-5	4:4	1+7
24:4	15-9	13-9	2+1	3+0	15:5	1x1	20:4	13-8	16:4	15-11	1+2	9:3	3+0	14:7	12-7	5-4	10:10	1x2	8x1
14-6	7+1	11-10	36:9	15-12	21:7	24:8	10-7	12:4	0+3	8:2	3+1	11-9	16:8	10:2	2:2	9-8	10-9	4x2	16:2
72:9	64:8	56:7	5:5	12-8	18:6	8-5	7-4	8:8	9:9	0+1	12:3	1+3	10-5	13-12	1x3	8-7	8+0	4+4	24:3

Keys blue flower

1 – white blue   5 – gray blue
2 – dark gray blue   6 – dark green
3 – dark blue   7 – yellow green
4 – blue   8 – green

Violet

2+1	15:5	3+0	9:3	12:2	0+6	30:5	2+4	36:6	1+5	18:3	6+0	24:4	13-7	5+1	7-4	4-1	27:9	8-5	15:5
0+3	15-12	18:6	12:4	49:7	4+3	56:8	54:9	2x3	12-6	3x2	3+4	42:6	9-3	15-12	5-2	6-3	12-9	21:7	10-9
13-12	6:2	1+2	4+3	14:2	15-8	21:3	3+4	48:8	35:5	42:6	8-1	13-6	56:8	18:6	3x1	13-10	11-8	10:10	9:9
14-13	6-5	7x1	63:9	14-7	28:4	11-4	12-5	5+2	9-2	49:7	10-3	63:9	6+1	35:5	10-7	24:8	0+1	8:8	30:5
8-7	1x2	10-3	56:8	8:2	16:4	11-7	13-6	6+1	63:9	12:3	2+2	10-6	28:4	2+5	0+7	5-4	9-8	24:4	0+6
1x3	35:5	8-1	9-5	3+1	0+4	2x2	12-8	49:7	20:5	3+1	0+4	24:6	9-5	7+0	21:3	11-5	24:4	12:2	10-4
2:2	15-8	4+0	32:8	24:6	12:3	8-4	28:7	9-2	14-10	8:2	8-4	13-9	11-7	32:8	14:2	30:5	13-7	7-1	36:6
11-4	14:2	6-2	16:4	7-3	1+3	1+1	11-9	42:6	14:7	18:9	2x2	36:9	4x1	4+0	1+6	14-8	15-9	8-2	42:7
28:4	14-7	4x1	13-9	36:9	10:5	4:2	16:8	20:4	10-8	18:9	0+2	1+3	16:4	12:3	18:3	4+2	42:7	3+3	18:3
21:3	12-5	11-5	5-1	8:2	9-7	14-12	25:5	30:6	2+3	2x1	3-1	24:6	15-11	1+5	6+0	5-2	6-3	2+4	36:6
13-7	24:4	10-4	18:3	28:4	7+0	6:3	2+0	1x2	4-2	5-3	7x1	1+6	11-8	4-1	9-6	6:2	9:3	3+0	13-10
10-7	8-5	12:2	2+5	21:3	12:6	15-13	6-4	12:6	9-7	7-5	6:3	1+1	0+7	27:9	2+1	0+3	12:4	1+2	14-11
21:7	24:8	12-5	21:3	11-4	6-4	8:4	15-13	14:7	11-9	10:5	8:4	4:2	56:8	4+3	1+0	7-4	12-9	3x1	6:6
7-4	27:9	14:2	8-1	9-2	42:6	7-5	12-10	14:2	13-11	14-12	8-6	4+3	63:9	3+4	30:5	1-0	2-1	3:3	7:7
7-6	12-11	14-7	49:7	6+1	14:2	7+0	21:3	56:8	13-6	14:2	3+4	5+2	15-8	28:4	42:7	13-7	18:3	10-4	24:4
4:4	15-9	30:5	10-3	7x1	35:5	3+4	42:6	13-6	14-7	11-4	21:3	49:7	35:5	2+4	11-5	48:8	3x2	54:9	36:6
42:7	9-3	54:9	14-8	1+6	0+7	2+5	28:4	63:9	63:9	4+3	56:8	4+3	0+6	36:6	12:2	12:2	12-6	13-7	7-1
8-2	2x3	12:2	12-9	13-10	6-3	35:5	42:6	3+4	49:7	5+2	9:3	12:4	0+3	4+2	3+3	9-3	5+1	2x3	8-2
48:8	12-6	3x2	11-8	14-11	9-6	6:2	4-1	5-2	5+1	13-7	1x5	11-10	15:5	15-12	3+0	15-9	30:5	14-8	42:7
7-1	36:6	3-2	3x1	1x4	2+1	1+2	15-14	4-3	18:3	6+0	24:4	1+5	5:5	1x1	18:6	8-5	24:8	10-7	21:7

Keys violet

1 – light green   5 – yellow

2 – black   6 – beige

3 – green   7 – purple

4 – blue

Squirrel

2+1	9:3	3+0	21:7	18:6	14-13	1x2	10-9	3:3	5:5	12-11	4:4	7-6	1x1	15-14	27:9	11-8	5-2	12-9	24:8
6:2	0+3	15-12	0+3	8-5	12:4	6-5	5-4	1-0	14-13	6-5	1x2	10:10	1x3	8-5	7-4	4-1	6-3	3x1	3+1
8:2	1+2	9:3	12:4	15:5	3+0	15:5	8-7	6:6	13-12	2:2	10-9	5-4	8-7	21:7	10-7	0+1	6:6	1-0	10:10
1x1	4:4	5:5	9-8	10:10	15-12	18:6	1x3	1+0	1x4	4-3	1x5	15-14	11-10	1x1	11-10	8:8	3-2	7:7	9-8
11-10	7-6	12-11	12:6	6-4	14:7	7-6	2:2	9:9	0+1	8:8	1+1	4:2	14-12	6:3	15-13	1+0	3:3	2-1	9:9
2-1	14:7	11-9	10-8	18:9	16:8	11-9	13-12	7:7	4-3	1x5	1x4	8:4	49:7	72:9	10:5	7-5	15-14	1x1	11-10
10:5	0+2	13-11	18:9	2+0	2x1	16:8	8-6	13-12	6-5	5-4	3-2	13-11	8-6	1+1	12:6	9-7	5:5	12-11	1x5
8-7	18:9	12-10	10-8	18:9	0+2	11-9	7-5	2:2	1x2	10-9	8:4	7-5	10:5	4:2	6-4	6-5	12:2	13-7	4:4
7-5	2+0	5-3	9-7	12:6	14:7	6-4	10:5	14-13	1x3	8-7	9-7	12:6	6-4	14-12	14-13	48:8	36:6	7-1	10-4
1x2	2x1	3-1	5-4	9-7	16:8	15-13	8:4	14-13	6-5	18:9	14:7	11-9	16:8	6:3	2:2	11-5	42:7	8-2	24:4
6:3	1x2	4-2	10:10	10-9	10-8	6:3	14-12	1x3	0+2	18:9	10-8	0+2	18:9	15-13	14:7	18:3	30:5	14-8	15-9
0+1	15-13	8:4	9-8	9:9	18:9	4:2	1+1	2:2	2+0	2x1	18:9	2+0	2x1	13-12	11-9	16:8	3+2	40:8	15-10
1+0	6:6	1-0	14-12	8:8	0+2	12:6	6-4	13-12	18:9	1x2	3-1	1x2	4-2	13-10	1x2	10-8	8-3	45:9	5x1
7-6	6-5	5-4	8-7	2:2	1x4	10:5	9-7	3-1	2+0	4-2	5-3	13-11	12-10	14-11	5-4	10-9	11-6	10:2	0+1
13-12	1x3	10-9	1x2	14-13	3-2	8:4	7-5	1x2	2x1	5-3	4:2	15-13	6:3	2+1	6:2	10:10	5-1	9:9	6:6
2-1	7:7	27:9	12-9	11-8	10:10	8:8	1+0	6:6	3-1	12-10	1+1	14-12	8-6	9-6	8-7	9-8	9:3	8:2	1+0
3:3	13-10	6:2	1+2	3x1	9-8	7:7	1x5	1x4	5:5	4-2	5-3	4:4	12-10	13-11	1x3	1+2	0+3	12:4	8:8
21:7	14-11	9-6	2+1	11-10	9:9	3-2	15-14	4-3	12-11	5:5	8-6	3-1	7-6	1+1	4:2	8-4	3+0	8-5	15-12
10-7	4-1	5-2	6-3	1x1	0+1	1-0	3:3	2-1	4:4	12-11	4+0	32:8	4x1	36:9	13-9	7:7	3-2	18:6	15:5
24:8	7-4	12:3	4-3	1x5	15-14	1+3	16:4	0+4	24:6	9-5	11-7	2x2	1-0	3:3	2-1	1x4	4-3	12-8	28:7

Keys squirrel

1 – gray turquoise 5 – beige
2 – orange 6 – light brown
3 – green 7 – white
4 – brown 8 – black

Results

From left to right: pear, cake, French fries, cheese, tree, bear, watermelon, panda, birdhouse.

From left to right: mushroom, rocking-horse, elephant, slipper, ice-cream, anchor, owl, violet car, truck.

From left to right: ship, mouse, acorns, car, loco, strawberry, parrot, white mouse, Christmas tree.

From left to right: Christmas bells, pig, butterfly, duckling, penguin, red pattern, tulips, rose, dark cat.

From left to right: beach umbrella, blue flower, violet, squirrel.

Thank you!

Thanks for choosing my book. If you liked this book, please leave your feedback on amazon.com, thus I'll understand what you think about my book. I'd really appreciate this!

If you would like to have a bonus – **free book** from me, please send the screenshot or the link of your review from amazon.com to this e-mail: gloria.kemer@gmail.com

I'll send you a free book in PDF as a **gift**!

www.ingramcontent.com/pod-product-compliance
Lightning Source LLC
Chambersburg PA
CBHW081012170526
45158CB00010B/3015